JN021235

制御工学の
こころ |古典制御編|

The Heart of Control Engineering

足立修一　著

TDU　東京電機大学出版局

　2016 年に慶應義塾大学理工学部物理情報工学科 3 年生の科目「制御工学」の教科書として，『制御工学の基礎』を東京電機大学出版局から出版しました。この本では，古典制御から現代制御の入口までを 300 ページ近く使って丁寧に解説しました。電気電子系，機械系の学生の教科書としてこの本を執筆したので，前提科目として複素関数，フーリエ変換，ラプラス変換や，微分方程式，基礎的な力学，電気回路などの知識を要求していました。

　大学だけではなく，企業などで制御工学の講義を頼まれる機会があります。最近は，AI（人工知能）や IoT を含むソフトウェアの技術者の中で制御に興味を持つ人が少しずつ増えてきたように感じています。そのような企業では，制御工学を基礎の基礎から教えてほしいというニーズが高く，『制御工学の基礎』という教科書は，受講生のレベルに適合しませんでした。特に，情報系の技術者は，デジタルの世界やソフトウェアには強いのですが，信号やシステムの連続時間での取り扱いや，物理と微分方程式にアレルギーを持っている方が少なからずいるようです。これからはサイバーフィジカルシステムの時代だと言いながら，サイバー（情報）とフィジカル（物理）の両方を理解している技術者の数は，まだそれほど多くないようです。そして，その両方がわかる技術系人材が今の社会で求められていることを強く感じています。その架け橋となる候補の一つが「制御」なのです。

　こうした経験を経て，サイバー系の技術者たちにも制御をわかってもらいたいと思い，古典制御に焦点を絞って，制御工学の基礎のさらに基礎の本を執筆したいと思うようになりました。特に，制御工学では何を考えているのか，なぜそんな難しい数式を使うのか，たくさん出てくる定理はいったい何を言っているのか，などといった疑問に対する回答になるような，落語のなぞかけで言ったら

「そのこころは？」に対応する制御工学の「こころ」をお話したいと感じました。

　このような思いとは裏腹に，学内外での日々の生活に追われ，1冊の本を執筆できるまとまった時間を確保することが難しい状態でした。しかし，2020年2月を境にして世の中は一変しました。2020年は，未来の受験生が暗記すべき世界史の年号になるでしょう。いつもの年であれば，3月は学会参加のための出張などいろいろな用事が入っていましたが，2020年の3月は本当の春休みになってしまい，ほぼ毎日自宅で過ごす在宅勤務の日々でした。この3月をすべて本書の執筆に充てることにより一気に書き上げました。私にとってこの時間は「ニュートンの創造的休暇」（これは本文のどこかに書かれています）に匹敵する貴重なプレゼントになりました。

　本書の対象読者はサイバー系の技術者だけでなく，ちょっと欲張ってつぎのような方も想定しています。

- 大学などで「制御工学」を初めて学ぶ学生
- 「制御」の知識が必要な企業などの技術者
- 制御工学を学問として改めて学び直してみたいと思っているシニア層の方
- 制御が専門ではないのに，大学などで「制御工学」の授業を担当している先生方

そして，本書を書く上で，つぎのことを心がけました。

- 読むだけでなんとなくわかったというレベルではなく，自分の手を動かして計算しながら制御を理解していく読み物を目指す（基本的に手計算で進めるので，MATLABのようなソフトウェアは不要）
- 読者が行間を読まなくてよいように，数式の変形などを丁寧に執筆する

逆に，本書に足りない点は以下の通りです。

- 制御理論は定理と証明の繰り返しですが，本書では理論的な記述がほとんどなく，制御理論を極めようと思っている方には不満が残るでしょう。
- 制御工学の読み物を目指したので，演習問題がまったくありません。

これらの問題点を解決するために，本書を読み終えたあとで，一般的な制御工学

の教科書に進むことをお勧めします。

　さて，どんな学問でも，大学で1
回習っただけで理解できる人はほ
とんどいないでしょう。1回で理
解できる人は一握りの「天才」だ
けであり，普通の人は何度も何度
も学習することによって，理解を
深めていきます。あたかも螺旋階
段を昇っていくように，同じよう

なことを何度も繰り返しながら高みに到達していくのだと著者は思います。著者
は凡人なので，大学3年生のときに学んだ「制御工学」を1回では理解しきれ
ませんでした。なんとか制御工学がわかったかなと思ったのは，大学教員になっ
て，実際に制御工学を講義してからでした。読者の皆さんも，本書をきっかけに
して，制御工学を何度も何度も繰り返して勉強して自分の財産にしてください。

　本書は基本的に制御工学の初学者向けですが，実は，制御工学の「奥義」を本
書にはちりばめました。何回か本書で勉強するうちに，制御工学の「こころ（核
心)」を感じて，著者が何を言いたかったのかを理解していただけるとうれしい
です。たとえば，「制御屋さんとは周波数を自由自在に使いこなせる魔法使い」
だと著者は思っています。なぜそうなのか，本書に書かれた奥義を通じて理解し
ていただけるとうれしいです。

　本書では，堅苦しい専門書のイメージを変えたいと思い，写真やイラストを
使って制御の歴史や関連する人物などを紹介しました。趣味で撮影した写真をい
くつか使ったり，イラストを入れたり，もしかすると読者には気づいてもらえな
いようなこだわりを随所に盛り込み，著者自身が楽しんで執筆しました。その例
として，本書では学術の世界の「方言」問題に言及します。たとえば，湘南地方
出身の著者からすると「湘南弁」に対しての違和感はありませんが，はじめて耳
にする人にはそうではないかもしれません。そのような方言問題が学術の世界に
もあることを紹介しています。

　この本をまとめるにあたり，私の制御工学の授業をこれまで受講してくださっ
たすべての皆さんに感謝いたします。慶應義塾大学，宇都宮大学の学生をはじめ

とする学生の皆さんや，さまざまな企業の技術者／研究者の皆さんに制御工学を
講義することによって，著者自身の理解が進んでいったことは言うまでもありま
せん。受講生には本当にいろいろなことを教えていただきました。教えるという
行為は，学ぶという行為としてフィードバックされることを「制御工学」を通し
て日々実感しています。慶應義塾の「方言」を使うと，これはまさに「半学半教」
です。最後に，私の本の担当編集者として，コロナ禍の中，今回もご尽力いただ
いた吉田拓歩氏に深く感謝いたします。

2021 年 1 月

足立 修一

目次

コラム

第1章

制御とは

1.1　制御の定義

　本書は「制御」に関する本です。制御は英語では "control" で，そのため「コントロール」というカタカナも一般的に用いられています。「制御」を広辞苑（第 7 版）で引くと，

(1) 相手が自由勝手にするのをおさえて自分の思うように支配すること。統御。

(2) 機械や設備が目的通り作動するように操作すること。「自動—」

と書かれています。

　(1) の「相手」を人間と考えると，なんだか高圧的で嫌なイメージですね。制御の対象は (2) の機械のような工学的なものに限らず，人間などの生体・生物，社会現象，経済活動など多岐にわたります。さらに，野球で「あの投手はコントロール（制球力）がいい」とか，サッカーで「あの選手のボールコントロールは素晴らしい」などという表現を使うことがあるように，「制御」あるいは「コントロール」という用語は，日常生活のさまざまな場面でも用いられています。

　本書で考える制御の対象は主に人工物であり，広辞苑の (2) の定義が，より適切です。そこで，著者が考える制御の定義をつぎに与えましょう。

> **Point 1.1**　制御とは
>
> 注目している対象物に属する注目している動作が，目標とする動作になるように，その対象物を操作すること。

　ちょっと堅苦しい表現ですが，この定義に従えば，たとえば，自動車の速度を 80 km/h に保って運転すること，室温が 26 °C になるようにエアコンをかけること，2 足歩行ロボットを転ばないように歩かせること，などはどれも「制御」の問題と考えることができるでしょう。

　「制御」を学問にしたものが**制御工学**（control engineering）です。ウィキペディアを調べると[1]，「制御工学」はつぎのように定義されています。

> **■ 制御工学（ウィキペディアより）**
>
> 制御工学とは，入力および出力を持つシステムにおいて，その（状態変数ないし）出力を自由に制御する方法全般にかかわる学問分野を指す。主にフィードバック制御を対象にした工学である。（中略）ものを操ることに関する問題が含まれれば制御工学の対象となるため，広範な分野と関連がある。

　どなたがこのウィキペディアの記事を書かれたのかわかりませんが，著者の感覚では基本的に正しいと思います。特に，本書でも**フィードバック制御**（feedback control）という用語は重要になります。また，「広範な分野と関連がある」という表現は，分野横断的な学問である制御工学の特徴を端的に表しています。

1.2　制御の始まり

　自動制御の歴史は，今から 2000 年以上前の紀元直後に始まったと言われています。ギリシア人の数学者であったアレキサンドリアのヘロン（AD10～70 年くらい）は，三角形の面積を求める「ヘロンの公式」で有名ですが，数学とは別に，図 1.1 に示す聖水自動販売機，自動ドア，蒸気機関など，さまざまな仕掛けを発

---

[1] 2020 年 9 月 29 日現在

(a) 聖水自動販売機

(b) 自動ドア

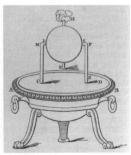

(c) ヘロンの蒸気機関

The pneumatics of Hero of Alexandria, from the original Greek.
London, Taylor, Walton and Maberly, 1851. (a) p.37, (b) p.57, (c) p.72

図 1.1 さまざまなヘロンの発明

明しました。特に「ヘロンの蒸気機関」は「アイオロスの球」とも呼ばれ，世界初の蒸気機関あるいは蒸気タービンとされています。

　ヘロンの蒸気機関には，残念ながら「思いどおり操る」という「制御」のメカニズムが入っていませんでした。ヘロンの後，1600 年くらい経過した 17 世紀から 18 世紀初頭にかけて，ドニ・パパンの蒸気機関模型，セイヴァリの火の機関，ニューコメンの蒸気機関など，さまざまな蒸気機関が考案されました。そして，英国の技術者であるジェームズ・ワットが 1784 年に開発した新方式の蒸気機関（図 1.2）が，後世にその名を残しました。このワットの蒸気機関をきっかけに，19 世紀初頭に英国で産業革命が始まりました。

　ワットの蒸気機関にはさまざまな工夫が凝らされていますが，制御の観点からは，**調速機**（governor; ガバナ）と呼ばれるシャフトの回転速度調整器によるフィードバック制御が実装されたことが，重要な点でした。制御の世界では，**ワットのガバナ**としてよく知られています。その仕組みについて，図 1.3 を用いて簡単に説明しましょう。回転軸のまわりに，2 個のおもりが取り付けられていて，軸が回転すると，遠心力によっておもりは外側に移動していきます（遠心振子）。おもりが外側に移動すると，蒸気を送るシリンダーのバルブが閉じる方向に動くようになっていて，蒸気機関の出力を抑えようとします。逆に，おもりが

図1.2　ワットの蒸気機関の調速機（ロンドン・サイエンスミュージアム）

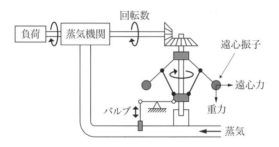

図1.3　ワットの蒸気機関の調速機の原理

もとに戻ってくると，バルブが開くので，蒸気機関の出力が増加します。こうして蒸気機関の出力は一定に保たれます。言い換えると，ワットのガバナは回転軸の速度を機械的に計測し，それを使って蒸気機関のバルブの開度を制御する仕組みです。これは，本書で勉強する「フィードバック制御」そのものであり，ワットのガバナは，近代的な制御のハードウェア第1号と言われています。

　19世紀半ばになると，蒸気機関は日本にも伝わり，1853年には佐賀藩の精錬方であった田中久重らによって，外国の文献を頼りに，軌間130 mmの蒸気機関車（模型）が製作されました（図1.4（左））。田中久重（1799〜1881）はからくり儀右衛門とも呼ばれ，さまざまなからくり人形を製作しました（図1.4（右））。また，彼は，後に東芝の重電部門になる芝浦製作所の創始者でもあります。

左：不明 / Public domain
右：稲益誠之 / CC BY-SA（https://creativecommons.org/licenses/by-sa/4.0）

図 1.4 田中久重の蒸気機関車の模型（1853）（左）と文字書き人形（右）

18 世紀に発明されたワットの蒸気機関によって，それまでの手作業が機械化され，第 1 次産業革命（Industry 1.0）が起こりました。ドイツ政府による分類に従えば，その後，第 2 次産業革命（Industry 2.0）は，19 世紀後半からの大量生産技術の実現により引き起こされました。この背景には，電気電子技術の進展が大きく関わっていました。オートメーション化された機械の部品のように働か

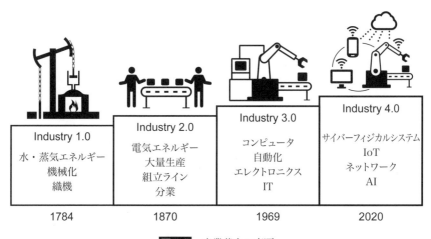

図 1.5 産業革命の変遷

される工具を描いたチャップリンの映画『モダン・タイムス』(1936) はその当時の様子をうまく描いています。第3次産業革命 (Industry 3.0) は，1969年以降，コンピュータ技術による生産自動化とともに進展しました。そして，今は第4次産業革命の時代 (Industry 4.0) だと言われています。サイバーフィジカルシステム (cyber-physical system; CPS)，IoT (Internet of Things)，AI (人工知能) などの発展がそのベースになっています。

　図1.5にまとめたいずれの産業革命においても，「自動化」がキーワードの一つであることに気づくでしょう。そして，それを支えているのが「制御」なのです。

　それでは，その制御について勉強していきましょう。

第2章

制御工学へのアプローチ

2.1 制御の対象

　第1章でお話ししたように，さまざまなものが制御対象になりうるので，制御が関わる分野や対象は限定されません。何らかの意味で「動き」があるものは，すべて制御対象になり得ます。この「動き」は**ダイナミクス**（dynamics）という専門用語で表現されます。制御工学では，ダイナミクスがあるもの（これを「ダイナミックシステム」，あるいは「動的システム」といいます）すべてが制御対象であり，具体的な対象と対応づける学問ではないのです。

　たとえば電気回路であれば，抵抗，コイル，コンデンサなどの素子から構成される電気回路がその学問の具体的な対象ですし，流体力学であれば，水や空気などの流体が対象になります。制御工学は，このようなわれわれが一般的に知っている工学系の学問，言い換えると，大学の工学部の専門課程で講義されているほとんどの学問とは異なり，分野横断的で，自然科学に基礎を持たない学問なのです。概念指向型の学問と言ってもよいでしょう。このため，制御の初学者には，制御工学は数式を駆使した応用数学のように見えてしまい，抽象的でわかりにくいと言われることがよくあります。

　「いえいえ，そんなことはないですよ」，「制御工学はとっても魅力的な学問ですよ」，ということをお伝えすることが本書の目的です。

2.2　ダイナミクス

ダイナミクスは，機械では**動力学**，電気では**動特性**と訳され，それらの対となる用語は，それぞれ**静力学**と**静特性**であり，その英語は statics です。「あの人はダイナミックな人だ」（すなわち「躍動的な人だ」）といった表現をすることもあるように，ダイナミクスという言葉は日常生活でも使われています。

数学的には，ダイナミクスとは，対象とするものの「動き」が微分方程式，あるいは積分方程式で記述できることを意味します。たとえば，図 2.1（左）に示す力学システムに対するニュートンの第二法則

　　　質量 × 加速度 ＝ 力

がこれに対応します。この式は高等学校の物理で学んだ代数方程式ですが，位置を $x(t)$，力を $f(t)$，質量を m とすると，

$$m\frac{\mathrm{d}^2 x(t)}{\mathrm{d}t^2} = f(t) \tag{2.1}$$

のように，2 階微分方程式で記述されます。ここで，t は時間（連続的な変数）を表します。このように，物理現象を数学を用いて記述したニュートン（英国ケンブリッジ大学出身，コラム 2.1 参照）らによって，17 世紀に近代科学が始まりました。

電気回路の基本的な法則であるキルヒホッフの電圧則を用いて，図 2.1（右）に示す抵抗 R とコイル L からなる RL 直列回路の回路方程式を立てると，

$$Ri(t) + L\frac{\mathrm{d}i(t)}{\mathrm{d}t} = v(t) \tag{2.2}$$

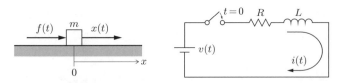

図 2.1　力学システム（左）と電気回路（右）

コラム 2.1 　ニュートン

　物理システムのダイナミクスを微分方程式で記述した最初の人は，アイザック・ニュートン（Sir Isaac Newton, 1642～1727）でした。彼は，微分積分学に基づくニュートン力学を確立し，近代科学の礎を築きました。

　ニュートンは，ガリレオが亡くなった 1642 年に，イングランドのリンカンシャー州で生まれ，1661 年にケンブリッジ大学のトリニティコレッジに入学しました。1663年にケンブリッジ大学で開設されたルーカス数学講座の初代教授に就任したバローが，学生だったニュートンの才能を高く評価しました。ところが，ちょうどその時期に，ヨーロッパでペスト（黒死病）が大流行し，そのためケンブリッジ大学が 1 年半にわたって休校になります。その間，彼は故郷に戻って思索に励み，微分積分学，光学，万有引力などのアイディアを次々と思いつきます。この期間は**ニュートンの創造的休暇**と呼ばれています。

　ケンブリッジに戻った後，ニュートンは 1669 年にバローのあとを継いで 2 代目のルーカス教授職に就任します。なお，このルーカス教授職に就いた人物はこれまでわずか 19 名で，その中にはストークス，ディラックなどがいます。そして，17 代目のルーカス教授職はスティーブン・ホーキングで，彼は 30 年間在任しました。ニュートンが創始した古典力学は，自然科学，工学の基礎となるものであり，もちろん制御工学にも大きな影響を与えました。

　ケンブリッジ大学トリニティコレッジの礼拝堂にあるニュートンの像（左）と，トリニティコレッジの庭にあるニュートンのリンゴの木（右）

という微分方程式が導かれます。ここ
で，$i(t)$ は回路を流れる電流であり，
$v(t)$ は端子間の電圧です。

ケンブリッジの街並み

　さらに，電磁気学で有名なマクスウェ
ルの方程式も，4 本の連立偏微分方程式
で記述されます。

　なお，ニュートンの 200 年くらい後
輩に当たりますが，マクスウェルもケン
ブリッジ大学出身です（p.116，コラム 5.1 参照）。マクスウェルの同級生に安定判
別法で有名なラウスがいました。ラウスの安定判別法については第 5 章で説明し
ます。また，物理学者のストークスも同時期にケンブリッジに在籍していました。

2.3　ダイナミクスの例

　「車は急に止まれない」と
いう交通標語があります。
この標語は，ニュートンの
第一法則（慣性の法則）よ

り導かれる車のダイナミクスを表しています。この状況とは逆の，静止状態から
アクセルを踏んで車を加速する場合を考えてみましょう。一気にアクセルをベタ
踏みしても，すぐには目標速度（たとえば，80 km/h）には到達せず，何秒か時
間を要します。車が静止しているときには，慣性の法則より，車はそのまま止ま
り続けます。そして，アクセルを踏むことにより，車に力を加えると，ニュート
ンの第二法則より，式 (2.1) で与えた位置に関する 2 階微分方程式（運動方程
式）に従って車は運動します。そのため過渡状態が生じて，車は瞬時に思うよう
には動かず，遅れを伴います。すなわち「車は急に動かない」のです。この様子
を図 2.2 に示します。

　本書で学習する制御工学では，このような状況において，制御対象である車に
何らかのコントローラを接続して，もっと短時間で目標速度を達成させようとす
るのです。

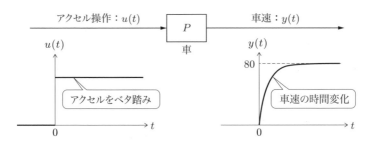

図 2.2 「車は急に動かない」を制御的に描いてみると

つぎは，図 2.3 (a) に示す RC 回路を考えてみましょう．図において，入力は直流電圧 $v_i(t)$ で，出力はコンデンサの両端の電圧 $v_o(t)$ としましょう．キルヒホッフの電圧則より，

$$CR\frac{\mathrm{d}v_o(t)}{\mathrm{d}t} + v_o(t) = v_i(t) \tag{2.3}$$

が得られます．これは 1 階微分方程式ですから，この電気回路もダイナミクスを持っています．たとえば，時刻 $t = 0$ で直流電圧 1 V を回路に印加すると，出力電圧 $v_o(t)$ の時間変化は図 2.3 (b) のようになります．この例でも，出力電圧は瞬時に目標値に達することはなく，ある程度時間が経過してから目標の一定値になります．電気回路では，これを**過渡現象**といいます．制御工学でもこの過渡現象は重要であり，本書でも勉強します．

図 2.2 で示した「車は急に動かない」の例と，図 2.3 で示した電気回路の例を見ると，対象はまったく違うものなのに，同じような挙動を示していることに気づくでしょう．対象が違っても，その挙動（ダイナミクス）が類似していれば，同じように対応できるところが，分野横断型の制御工学の強みです．

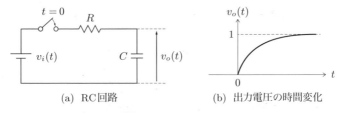

(a) RC回路   (b) 出力電圧の時間変化

図 2.3 電気回路の過渡現象

2.4 実世界をブロック線図で表す

ダイナミクスについての理解を深めるために，自動車の速度を制御する問題を考えてみましょう。この問題では，制御対象は自動車で，制御目的は自動車の速度を所望の速度に一致させることです。対象を制御するためには，対象に対して何らかの入力を印加する必要があります。この場合の入力は，速度を上げたいときにはアクセルを踏むこと，速度を下げたいときにはブレーキ（この日本語訳は「制動力」です）を踏むことに対応します。制御工学では駆動源を**アクチュエータ**と呼び，この例ではアクセルとブレーキがそれに当たります。また，自動車の速度を測定するための速度計は，制御工学で言う**センサ**になります。図 2.4 にその様子を示します。この図では，速度を 80 km/h にする場合を考えています。

図 2.4 の描き方は直感的で理解しやすくてよいのですが，問題を一般的に扱うために，制御工学ではこれを図 2.5 に示すような**ブロック線図**と呼ばれる図で表します。図 2.5 で，**制御対象**（P と表記）は自動車であり，**制御入力**（u と表記）はアクセルあるいはブレーキから出力されるアクチュエータ出力，**制御量（出力）**（y と表記）はセンサで測定される車速です。

ブロック線図では，**信号**を矢印で，**システム**を箱で表します。図 2.5 のブロッ

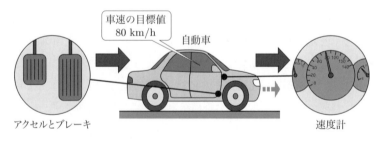

図 2.4 自動車の速度を 80 km/h に制御したい

図 2.5 制御の問題をブロック線図で表現する

コラム 2.2 ブロック線図の重要性

制御工学を使って実問題を解く第一歩は，制御対象やコントローラなどを図 2.5 のようなブロック線図で表現することです。ブロック線図は，実対象を抽象化して，さらにその入出力関係を可視化できるので，慣れてくると非常に便利なツールになります。図 2.5 のブロック線図を多数接続することにより，実問題を表現する複雑なブロック線図ができ上がっていきます。以下に，MATLAB/Simulink というソフトウェアを用いた例を示します。制御の問題をブロック線図で表現することができるようになれば，もう一人前の制御エンジニアです。

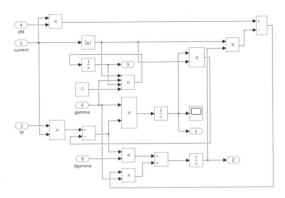

MATLAB/Simulink によるブロック線図表現

ク線図を数学の関数 $f(\cdot)$ を用いて表すと，$y = f(u)$ という関係式が成り立っていると考えてもよいでしょう。ここでは，入力信号と出力信号は連続的に変化する時間 t の関数なので，

$$y(t) = f(u(t)) \tag{2.4}$$

と表すほうが，より正確です。

ひとたび制御問題をブロック線図で表現できれば，問題を一般的に取り扱うことができます。対象が，自動車のような力学システムであっても，電気回路であっても，あるいは化学プラントであっても，ブロック線図で表現すれば，同じように取り扱うことができるのです。これこそが，制御工学が分野横断型と言われるゆえんです。

ブロック線図表現の基本は，**信号**と**システム**（signals and systems）です。信

号とシステムに関連する数学的基礎は，フーリエ解析，ラプラス変換，そして z 変換です。制御工学を勉強するためには，これらに関する知識が必要になります。本書では，それらのエッセンスについて説明していきます[1]。特に，ラプラス変換を用いることにより，ブロック線図の意味が，より明確になります。

Point 2.1 制御で大切なもの

制御工学のキーワードは，ダイナミクスとブロック線図です。

2.5　微分方程式は難しそう：ラプラス変換の登場

ダイナミクスを持つシステムを制御対象とし，そのダイナミクスは数学的にはニュートンの運動方程式やキルヒホッフの法則のような微分方程式で記述されるところまで話は進んできました。しかし，微分方程式は高校では習いませんし，難しそうに思え，ちょっとハードルが高そうですね。

制御屋さんも，実は微分方程式を直接扱いたくなかったので，ラプラス変換を用いた上手な取り扱い方を考えました。数学的な厳密性を欠きますが，つぎのルールを覚えておきましょう。

Point 2.2 ラプラス変換は微積分を乗除算に変換

時間の世界での 1 回微分は，ラプラスの世界では s を乗じることに対応します。さらに，n 回微分は s^n を乗じることに対応します。一方，積分は s で除すこと，すなわち $1/s$ を乗じることに対応します。

たとえば，前述した RC 回路の微分方程式

$$CR\frac{\mathrm{d}v_o(t)}{\mathrm{d}t} + v_o(t) = v_i(t) \tag{2.5}$$

に対して，このルールを適用すると，

---

[1] 本書では，連続時間信号/システムを対象とするため，離散時間信号/システムに対する z 変換については説明しません。

　理工学のさまざまな場面で登場するピエール＝シモン・ラプラス（Pierre-Simon Laplace，1749〜1827）は，フランスの数学者，物理学者であり，数学（特に確率論），物理，天文学などにおいてさまざまな貢献をしました。1780年に発表されたラプラス変換は，われわれの制御工学の分野にも大きな影響を与えました。ラプラス変換は，ヘビサイド（p.39，コラム 3.1 参照）により，回路方程式を解く方法である演算子法として再発見され，微分方程式の解法の一つとして広く利用されるようになりました。1940年代には，ラプラス変換を用いることによって，システムの入出力関係を記述した微分方程

ラプラス（Sophie Feytaud（fl.1841）/ Public domain）

式から伝達関数を求める方法が，マサチューセッツ工科大学（MIT）のサーボ機構研究所で見出され，システムを解析・制御する古典制御理論の構築が行われました。

フーリエ（ルイ＝レオポルド・ボワイー / Public domain）

　　　　　　　　　ジョゼフ・フーリエ（J. B. Joseph Fourier，1768〜1830）は，フランスの数学者，物理学者でエコール・ポリテクニークの教授を務めました。ラグランジュにより創始されたこの大学は，現在では通称 “X” と呼ばれています。彼はフーリエ級数に関する論文を 1807 年に投稿しますが，理論的に不完全な部分があったことなどの理由で，その論文の審査員だったラプラスやラグランジュの反対に遭い，掲載が拒否されてしまいました。その後，フーリエは 1822 年に『熱の解析的理論』（*Théorie analytique de la chaleur*）という本を出版し，その中でフーリエ級数を公表しました。フーリエが開発したフーリエ変換も制御工学の必須ツールです。

$$CRsV_o(s) + V_o(s) = V_i(s) \tag{2.6}$$

となります。ここでは，時間 t の世界での記号と区別するために，ラプラスの世界では変数を大文字で表記し，引数を時間 t から，ラプラスの記号 s に変えました。式 (2.6) を変形すると，

$$V_o(s) = \frac{1}{CRs + 1}V_i(s) = \frac{1}{Ts + 1}V_i(s) \tag{2.7}$$

が得られます。ただし，$T = CR$ は電気回路の応答の速さを表す特徴量である**時定数**です。ここで，

$$P(s) = \frac{1}{Ts + 1} \tag{2.8}$$

とおきましょう。この $P(s)$ は入力電圧から出力電圧までの関係を与えるので，**伝達関数**と呼ばれます。伝達関数を利用すると，

$$V_o(s) = P(s)V_i(s) \tag{2.9}$$

と記述できます。

　時間の世界（**時間領域**といいます）では微分方程式によって入出力関係が記述されましたが，それをラプラス変換してラプラスの世界（**ラプラス領域**，あるいは「s 領域」といいます）へ変換することによって，

$$出力 = 伝達関数 \times 入力 \tag{2.10}$$

という代数関係（乗算）で記述できるようになったのです。この関係によって，ブロック線図の意味がより明確になりました（図 2.6 参照）。

　さて，RC 回路の時定数 T を図 2.7 に示します。この場合の時定数は，最終的な値（定常値）の 63.2 % に達する時間です。この回路に外部からコントローラを接続して応答をもっと速くしたい，すなわち時定数を小さくしたいとき，制御の出番となります。

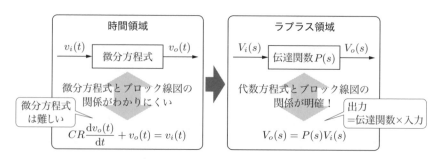

図 2.6　時間領域からラプラス領域へ

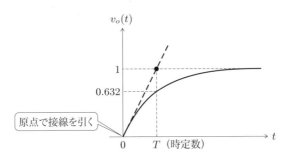

図 2.7 RC 回路の時定数 T

2.6 フィードフォワード制御の導入

ダイナミクスを持つシステムを**動的システム**（dynamic system）といいます。動的システムには応答遅れが存在すること，すなわち過渡状態があることを，力学システムと電気回路の例で見てきました。その応答を速くするために，コントローラを制御対象に接続してみます。

まず，図 2.8 に示すように，制御対象 P に対してコントローラ C を直列接続してみましょう。ここで，記号を整理しておきます。制御対象 P の出力を y とします。これは「制御量」とも呼ばれ，これを所望の値にすることが制御の目的の一つです。u は制御対象へ印加されるもので，「制御入力」，単に「入力」，あるいは「操作量」と呼ばれます。これより，制御対象の入出力関係は，ラプラス領域では

$$y(s) = P(s)u(s) \tag{2.11}$$

となります[2]。この制御入力 u を生成するのがコントローラ C の役割です。

図 2.8 フィードフォワード制御

---

[2] 本書では，信号 $u(t)$, $y(t)$ のラプラス変換を小文字 $u(s)$, $y(s)$ で，システムを表す $P(s)$ を大文字で表しています。

図 2.8 では，コントローラに直接，制御出力の目標値 r を入力しており，このような構成を**フィードフォワード制御**（feedforward control）といいます。図より，コントローラの入出力関係は

$$u(s) = C(s)r(s) \tag{2.12}$$

となります。

式 (2.12) を式 (2.11) に代入すると，

$$y(s) = P(s)C(s)r(s) \tag{2.13}$$

が得られます。制御の目的は，出力 y を目標値 r に一致させることなので，

$$P(s)C(s) = 1 \tag{2.14}$$

が成り立てば，必ず $y = r$ が成り立ちます。したがって，フィードフォワード制御の場合，そのコントローラ $C(s)$ の第 1 候補は，

$$C(s) = \frac{1}{P(s)} \tag{2.15}$$

になるでしょう。これは，制御対象の**逆システム**をコントローラに設定することを意味しています。

フィードフォワード制御は，最も直観的で，即効性がある強力な制御法ですが，式 (2.15) より明らかなように，フィードフォワードコントローラ C を設計するためには，制御対象 P を正確に知っていることが大前提です。制御の用語を使って言い換えると，制御対象のモデルが精度良く構築されている必要があります。これ以外にもいくつかの前提が必要であるため，フィードフォワード制御が単独で利用されることは少なく，次節でお話しするフィードバック制御と併用することになります。

フィードフォワード制御の適用例を一つ紹介しましょう。これはアクティブ騒音制御（active noise control; ANC）と呼ばれる技術で，騒音をスピーカーから放射する別の音で能動的に減らそうとするものです。たとえば，自動車の中の騒音を減らすために ANC は実用化されています。仮に低減したい騒音が単一の周波数の正弦波，すなわち純音であるとすれば，それと逆位相の音を重ね合わせれば完全に消音することができます。この様子を図 2.9 に示します。現実の騒音は

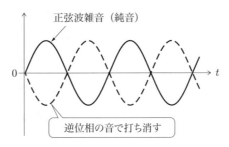

正弦波雑音（純音）

逆位相の音で打ち消す

図 2.9 アクティブ騒音制御の原理

多数の正弦波の重みつき和なので，このように完璧に消音することはできませんが，ANC を用いることによって騒音のレベルを減らすことができます。

2.7 フィードバック制御の登場

1927 年 8 月 2 日，AT&T ベル研究所のブラックは研究所に出勤する途中，ニューヨークのハドソン川のフェリーの上で**負帰還増幅器**（negative feedback amplifier）のアイディアを思いつき，持っていたニューヨークタイムズの上にそのアイディアをなぐり書きしたそうです。このアイディアは現在のオペアンプ（operational amplifier; 演算増幅器）の原型となるもので，すぐに特許として提出されましたが，その審査に時間がかかり，結局その申請が受理されたのは 10 年後の 1937 年でした。その 3 年前の 1934 年に，このアイディアは学会発表されたので，負帰還増幅器の誕生は 1934 年とされることが多いようです。

負帰還増幅器の考え方から**フィードバック制御**（feedback control）が生まれました。フィードバック制御のブロック線図を図 2.10 に示します。図 2.8 に示したフィードフォワード制御と比べると，構成が少し複雑になっています。まず，制御量 y を目標値 r のほうへ戻すループが加わっています。これが**フィードバック**（feedback）です。そして，目標値と制御量を比較する比較器（丸印で示しています）が追加されました。制御量をフィードバックして目標値と比較することによって，現時点での目標との差（これを「偏差」といいます）を知ることができ，それをコントローラで利用します。比較器の意味を図中の記号を使って表すと，

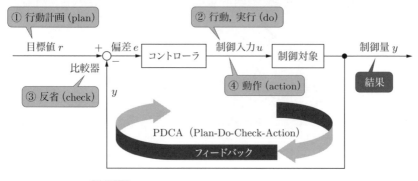

図2.10　フィードバック制御と PDCA サイクル

$$e = r - y \tag{2.16}$$

となります。このように r と y の値を比較して，その差を偏差 e としています。

　図 2.10 の中にも示しましたが，フィードバック制御の考え方は，生産技術の品質管理などで用いられる **PDCA サイクル**と同じです。まず，Plan（行動計画）を目標値として与え，つぎに実際に Do（実行）して結果を見ます。その結果をフィードバックして目標値と比べる動作が Check（反省）であり，その反省に基づいて再度 Action（動作）します。日常生活において，われわれも PDCA サイクルのように，フィードバックを利用して物事に対処することが多いでしょう。このように，フィードバックという概念は，制御工学だけのものではなく，広く一般的に使われています。その一つの証拠として，"feedback" という英単語は，1920 年代に，工学ではなく政治経済の分野で「閉じたサイクル」を意味するために初めて使われたそうです。興味深いことに，「フィードバック」という用語は，誕生してからまだ 100 年しかたっていない比較的新しい言葉なのです。

2.8　フィードバック制御の例

　ここでは，図 2.11 に示す貯水槽の水位を制御する例を通して，フィードバック制御について見ていきましょう。

　図において，貯水槽の水位を所望の高さに保つことが，この問題の制御目的です。必要に応じて，排水バルブを開くことにより排水され，また給水バルブを開

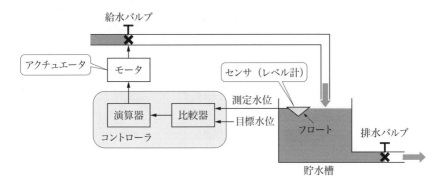

図 2.11 貯水槽の水位制御の模式図

くことにより給水されます。制御をしないと，雨が降れば水位が上がり，水が蒸発することで水位が下がります。これらは，制御では**外乱**と呼ばれます。このような状況では，前述したフィードフォワード制御だけでは水位を一定に保つことは難しく，フィードバック制御を導入する必要があります。

　フィードバック制御を行うためにまず必要なことは，制御量である水位を測るセンサの設置です。この例では，水面に浮き（フロート）を浮かべておき，それによって水面の高さを測定することにします。そして，制御入力を印加するアクチュエータも必要です。この例では，モータによって給水バルブの開け閉めをするアクチュエータを準備しました。そして，フィードバック制御の心臓部はコントローラです。図では，測定された水位を目標水位と比較して，それに応じて演算器によりモータに指令を出しています。このように，図では，制御対象（貯水槽）からセンサ，コントローラ，そしてアクチュエータへと**フィードバックループ**（電気回路では「環路」あるいは「閉路」ともいいます）が構成されていることがわかります。

　図 2.11 の貯水槽の水位制御の模式図をブロック線図を用いて描いたものを，図 2.12 に示します。前述したように，制御工学を用いて実問題の解決を図る第一歩は，実問題をブロック線図で表現することです。図 2.12 を，より一般的なブロック線図で表現したものが図 2.13 です。この図のように表現することによって，制御対象として，貯水槽だけでなく，力学システムや電気回路を取り扱うことも可能になります。

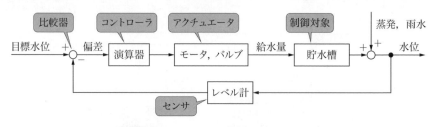

図 2.12　貯水槽の水位制御のブロック線図

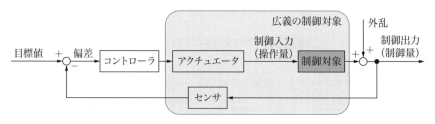

図 2.13　フィードバック制御システムのブロック線図

(a) 簡略化されたフィードバック制御システム

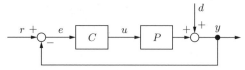

(b) 簡略化されたフィードバック制御システムを記号で記述したもの

図 2.14　本書で取り扱うフィードバック制御システムのブロック線図

　モータ，油圧などのアクチュエータ，水位計，速度計，加速度計などのセンサというようなハードウェアは，実問題では非常に重要ですが，本書では，これらと制御対象をまとめて広義の制御対象と見なします。このようにして得られた簡略化されたフィードバック制御システムのブロック線図を図 2.14 (a) に示しま

表 2.1 制御工学の重要な専門用語

記号	名 称	英語名称	意 味
P	制御対象，プラント	plant	制御の対象となるシステム
C	コントローラ，制御器	controller	制御入力を生成するシステム
u	制御入力，操作量	input	制御対象へ印加される信号
y	制御出力，制御量	output	制御対象からの出力
r	目標値，参照値	reference value	制御出力の目標値
d	外乱	disturbance	制御対象を乱す信号，雑音
e	偏差	error	目標値からの制御出力のずれ

す。さらに，それを記号を用いて記述したものを図 2.14 (b) に示します。図で
は，制御対象（Plant）を P，コントローラ（Controller）を C と表記していま
す。なお，コントローラは補償器（compensator）と呼ばれることもあります。
図 2.14 の中で示した制御工学の重要な専門用語を表 2.1 にまとめます。

　以上の準備のもとで，制御の目的はつぎのようになります。

Point 2.3 制御の目的

本書では，主に図 2.14 (b) のブロック線図で表現されるフィードバック制御
システムを対象として，

　「外乱 d が存在する環境下で，制御対象の出力 y を目標値 r に一致させる
　ような制御入力 u を設計すること」

をフィードバック制御の目的とします。

　注意すべき点は，図 2.14 (b) から明らかなように，フィードバック制御システ
ムでは，信号がフィードバックループを無限に回り続けることです。場合によっ
ては，その信号が発散していくことが考えられ，そのような状況は「不安定」と
呼ばれます。そのため，フィードバック制御では，「安定性」を最優先させ，そ
の上で目標値への一致といった制御性能を考えていくことになります。

　この不安定現象については身近なカラオケの例を考えると，イメージしやすい
でしょう。図 2.15 は，カラオケにおける音の流れを，ブロック線図を用いて制

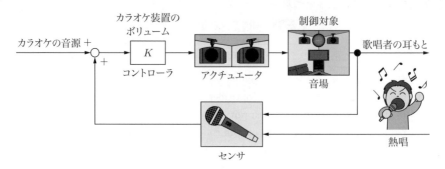

図 2.15　カラオケとフィードバック

御工学的に表現したものです。図では，左からカラオケの伴奏の音が入ってき
て，カラオケ装置のボリュームのつまみで音量が調整されてスピーカーから伴奏
の音が放射され，カラオケを歌っている人の耳もとに到達します。カラオケをす
る人の目的は，気持ち良く熱唱することです。そのために，マイクに向かって歌
い，測定された音がカラオケ装置に入っていきます。それと同時に，スピーカー
から放射された音もマイクを通してフィードバックされているのです。このよう
に，カラオケルームでは，音がフィードバックされているのです。

　カラオケをしたことがある人だったら一度は経験したことがある現象が，「ハ
ウリング」でしょう。ハウリングは，日本語では鳴音と呼ばれる不快な音のこと
です。どのようなときにハウリングが起こるかというと，ボリュームを大きくし
すぎたとき，そしてスピーカーとマイクの距離が近いときです。ハウリングは音
の不安定現象（発振現象）であり，第5章で述べる内容ですが，フィードバック
ループのゲインが大きいときに発生します。

　図 2.16 に図 2.15 の制御工学的なブロック線図を示します。ハウリングを解消

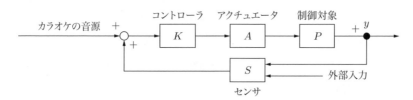

図 2.16　カラオケのブロック線図表現

する方法は，ほとんどの人が経験的に知っているように，(1) アンプのボリュームを下げることと，(2) マイクをスピーカーから遠ざけることです。なぜこのようにするとハウリングが解消するのか，すなわち，不安定現象を回避できるのかについては，第5章で安定性の理論を学ぶと理解できます。

第3章

制御工学で利用する数学

　理工系の学問を学ぶためには，高等学校までの数学をきちんと理解していることが重要ですが，制御工学の基礎を学ぶためには，もう少し進んだ数学の知識も必要になります。本章ではできるだけ難解な数学に立ち入ることなく，なぜ制御工学ではそのような数学が必要なのかを，お話ししたいと思います。

3.1　時間の世界

　われわれは時間の世界に住んでいるので，時間領域で現象を記述することは直観的に理解しやすいことです。たとえば，第 2 章で登場したニュートンの第二法則，すなわち，質量×加速度＝力は，

$$ma(t) = f(t) \tag{3.1}$$

と書くことができます。ここで，m は質点の質量，$a(t)$ は時刻 t における質点の加速度，$f(t)$ は加えた力です。いま，位置 $x(t)$ を時間 t で 2 回微分すると加速度になることを用いると，式 (3.1) は，

$$m\frac{\mathrm{d}^2 x(t)}{\mathrm{d}t^2} = f(t) \tag{3.2}$$

という 2 階微分方程式になります。これは「並進運動の運動方程式」と呼ばれます。

このような2階微分方程式や，もっと簡単な1階微分方程式

$$\frac{\mathrm{d}x(t)}{\mathrm{d}t} = cx(t), \quad x(0) = x_0 \tag{3.3}$$

であれば，解けそうだなと思われる方もいらっしゃるでしょう。ここで，c は定数です。微分して，自分に戻る関数は指数関数ですから，式 (3.3) の1階微分方程式の解は，

$$x(t) = x_0 e^{ct} \tag{3.4}$$

で与えられます。ここで，e はネイピア数です。

しかし，3階微分方程式より高階になると，通常，解くことは困難になります。そのため，もう少し見通しの良いアプローチをとりたくなります。

本書では，時間以外の世界として，ラプラス変換に基づくラプラスの世界（**ラプラス領域**，あるいは「s 領域」と呼ばれます）と，フーリエ変換に基づく周波数の世界（**周波数領域**）を導入します。特に，ラプラス変換を用いると，時間領域における微分方程式が，ラプラス領域における s の代数方程式に変換されるので，取り扱いが容易になります。本章では，主にこれら二つの新しい仮想的な領域について勉強していきます。そのためには，複素数に関する初歩的な知識が必要になります。

3.2 　複素数の世界

3.2.1 　直交座標と極座標

われわれは**実数**（real number）の世界で生きていますが，$j = \sqrt{-1}$ という**虚数**（imaginary number）単位を導入して[1]，つぎのような**複素数**（complex number）を考えましょう。

$$z = x + jy \tag{3.5}$$

式 (3.5) において，x を複素数 z の**実部**（real part），y を**虚部**（imaginary part）といい，

---

[1] 数学では $i = \sqrt{-1}$ と習いましたが，制御工学は電流を i で表す電気回路との繋がりが深いため，伝統的に j を使います。

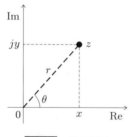

図 3.1 複素平面

$$x = \mathrm{Re}(z), \quad y = \mathrm{Im}(z) \tag{3.6}$$

のように表記します。

　実数はスカラー値をとるので，数直線という1次元の直線上に表すことができ
ますが，複素数は実部と虚部を持つので，**複素平面**（あるいは z **平面**）と呼ばれ
る2次元平面にプロットします。このとき横軸を「実軸」，縦軸を「虚軸」とい
い，それぞれ Re, Im と表記します。式 (3.5) の複素数を複素平面上に表したも
のを図 3.1 に示します。複素平面において，複素数の番地を (x, y) によって表
すことを**直交座標系**といいます。これは，京都市内のように碁盤の目によって住
所を表す方式で，中学校の数学以来慣れ親しんだ座標系です。この座標系は提案
者の名を採って**デカルト座標系**（Cartesian coordinate system）と呼ばれるこ
ともあります。

　それに対して，図 3.1 の図中に示しているように，原点からの距離 r と，実軸
となす角度 θ によって座標を規定することもでき，これは**極座標系**と呼ばれま
す。ここで，r は「大きさ」（絶対値），θ は「位相」（偏角）と呼ばれます。凱旋
門を中心に放射状に広がるパリ，東横線沿線の田園調布（図 3.2），日吉などが極
座標系に対応します。「極座標系はちょっと苦手」とお考えの読者もいらっしゃ
ると思いますが，これを機会に習得しておきましょう。

　図 3.1 より，極座標系の (r, θ) から直交座標系の (x, y) は

$$x = r \cos\theta \tag{3.7}$$
$$y = r \sin\theta \tag{3.8}$$

より計算できます。これらを式 (3.5) に代入すると，

提供：
東急株式会社

図3.2 1920年代の開発当時の田園調布

$$z = r(\cos\theta + j\sin\theta) = re^{j\theta} \tag{3.9}$$

が得られます。ここで，以下のオイラーの関係式を用いました。

Point 3.1 オイラーの関係式

$$e^{j\theta} = \cos\theta + j\sin\theta \tag{3.10}$$

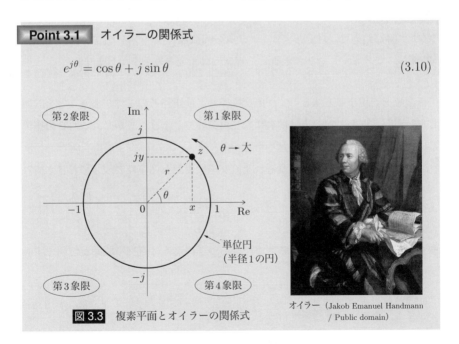

図3.3 複素平面とオイラーの関係式

オイラー（Jakob Emanuel Handmann / Public domain）

　このオイラーの関係式は，複素関数論の出発点となる至宝とも言える重要な公式であり，暗記しておくべきものです。図3.3に示すように，複素数 $z = e^{j\theta}$ が

半径 $r = 1$ の円（これを**単位円**といいます[2]）上の，位相が θ の位置に存在していることを式 (3.10) は意味しています。また，図には，第 1 象限から第 4 象限まで，おそらく中学校で習った用語を書き込みました。複素平面でもこの象限の順番に沿って，角度は反時計回りです。

逆に，直交座標系の (x, y) から極座標系の (r, θ) は，次式より計算できます。

$$r = |z| = \sqrt{x^2 + y^2} \tag{3.11}$$

$$\theta = \angle z = \arctan \frac{y}{x} \tag{3.12}$$

ここで，arctan は $\tan^{-1}$ と同じ意味で，tan の逆関数を表します。式 (3.12) は $\tan\theta = y/x$ から導かれます。

以上で説明したように，複素数は大きさだけでなく，位相を持ちます。制御工学における複素数の重要性をつぎのポイントにまとめました。

Point 3.2 複素数の重要性

制御工学において，対象とするシステムの周波数特性（これは振幅特性と位相特性からなります）を表すときに，複素数は重要な役割を演じます。

複素数を表現する方法として，直交座標系と極座標系の二つがあることを説明しましたが，ほとんどの人は前者になじみ深いでしょう。しかし，これらの座標系には，四則演算について得意不得意があります。

二つの複素数を準備し，それぞれを直交座標表現と極座標表現しておきます。

$$z_1 = x_1 + jy_1 = r_1 e^{j\theta_1}$$
$$z_2 = x_2 + jy_2 = r_2 e^{j\theta_2}$$

まず，これらの和と差を求めるためには，つぎのように直交座標系が便利です。

$$z_1 \pm z_2 = (x_1 \pm x_2) + j(y_1 \pm y_2) \tag{3.13}$$

つぎに，乗算を極座標系で行うと，

$$z = re^{j\theta} = z_1 z_2 = r_1 r_2 e^{j(\theta_1 + \theta_2)} \tag{3.14}$$

---

[2] 単位（unit）とは，大きさが 1 という意味です。

となり，大きさは $r = r_1 r_2$ のように積，位相は $\theta = \theta_1 + \theta_2$ のように和になります。同様にして，除算は

$$z = re^{j\theta} = \frac{z_1}{z_2} = \frac{r_1}{r_2} e^{j(\theta_1 - \theta_2)} \tag{3.15}$$

となり，大きさは $r = r_1/r_2$ のように商，位相は $\theta = \theta_1 - \theta_2$ のように差になります。一方，直交座標系で乗除算を計算すると，ごちゃごちゃして見にくい結果になってしまいます。このように，複素数の乗除算を計算するときには，極座標系が便利です。

3.2.2　システムの接続

制御工学のブロック線図表現に登場する，3 種類のシステムの接続を見ていきましょう。これらの接続は，システムの加減乗除に対応しています。

図 3.4 (a), (b) に，二つのシステム P と Q の**並列接続**を示します。それぞれを数式で表すと，

$$y = (P + Q)x \tag{3.16}$$
$$y = (P - Q)x \tag{3.17}$$

となり，図 3.4 (a) は二つのシステムの和を，図 3.4 (b) は二つのシステムの差を計算していることになります。このように，システムの並列接続は加減算に対応しており，このときは直交座標系での計算が適しています。

図 3.4 (c) は，二つのシステムの**直列接続**を示しています。図より，

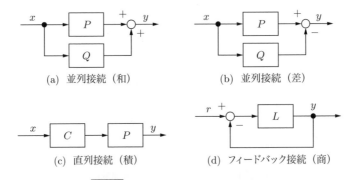

(a) 並列接続（和）　　　　(b) 並列接続（差）

(c) 直列接続（積）　　　　(d) フィードバック接続（商）

図 3.4　さまざまなシステムの接続法

$$y = PCx \tag{3.18}$$

となり，これは二つのシステムの積を表しています。

最後に，図 3.4 (d) はシステムのフィードバック接続を示しています。このブロック線図の出力 y に着目して式を立てると，

$$y = L(r - y)$$

が得られ，これを変形すると次式が得られます。

$$y = \frac{L}{1 + L}r \tag{3.19}$$

このように，システムのフィードバック接続は除算に対応します。除算では無限回，積と和の計算（積和演算）を行います。これはフィードバックループを信号が無限に回り続けることに対応するのです。制御的な見方をすると，**除算が登場したら，どこかにフィードバックループが隠れている**と思ってよいでしょう。

このように，システムの直列接続とフィードバック接続は，乗除算に対応するので，極座標系での計算に適しています。

Point 3.3 システムの直列接続と極座標表現

制御工学ではシステムの直列接続，そしてフィードバック接続がしばしば登場するので，極座標表現を理解しておく必要があります。

図 3.5 に示すように，複素数 $z = x + jy$ に対して，実軸に関して対称な**共役複素数** $\bar{z} = x - jy$ を導入しましょう。このとき，二つの複素数の和と差は，

$$z + \bar{z} = 2x = 2\mathrm{Re}(z) \tag{3.20}$$
$$z - \bar{z} = j2y = j2\mathrm{Im}(z) \tag{3.21}$$

となります。z と $\bar{z}$ を極座標表現すると，

$$z = re^{j\theta}, \quad \bar{z} = re^{-j\theta} \tag{3.22}$$

となるので，これらの積と商は，それぞれつぎのようになります。

$$z \cdot \bar{z} = r^2 = x^2 + y^2 = |z|^2 \tag{3.23}$$

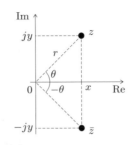

図 3.5 共役複素数は実軸対称

$$\frac{z}{\bar{z}} = e^{j2\theta} \tag{3.24}$$

式 (3.23) より，複素数の大きさを次式で定義することもできます。

$$|z| = \sqrt{z \cdot \bar{z}} \tag{3.25}$$

なお，式 (3.24) の商の計算式は，5.4.2 項で説明する全域通過フィルタで利用します。

3.2.3 指数関数と対数関数

オイラーの関係式や極座標表現で指数関数が出てきたので，指数関数と対数関数を復習しておきましょう。

まず，**指数**とはべき乗を計算するときの上付き添え字のことで，a^2 であれば 2 が指数です。指数の性質をつぎに示します。

$$a^m a^n = a^{m+n}, \quad \frac{a^m}{a^n} = a^{m-n}, \quad (a^m)^n = a^{mn}, \quad (ab)^m = a^m b^m \tag{3.26}$$

つぎに，**対数**は天文学の分野で大きな数字（「天文学的数字」といいますね）を取り扱うために発明されました。まず，対数は

$$a^y = x \quad \leftrightarrow \quad y = \log_a x \tag{3.27}$$

のように定義され，a は「底」と呼ばれます。式 (3.27) で $a = 10$ のとき，すなわち

$$y = \log_{10} x \tag{3.28}$$

表 3.1 デシベルの対応表	

g	$20 \log_{10} g$ 〔dB〕
0.01	−40
0.1	−20
1	0
10	20
100	40
1000	60

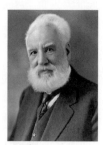

グラハム・ベル
(Moffett Studio / Public domain)

のとき,「常用対数」と呼ばれます。また,底が e(ネイピア数)のとき,すなわち,

$$y = \log_e x = \ln x \tag{3.29}$$

のとき,「自然対数」と呼ばれます。

制御工学では,周波数特性の大きさを**デシベル**(dB)で表現します。ここで,"deci" は 10 を表し,「ベル」はグラハム・ベルの名前からつけられています。小学校のときに 1 L = 10 dL(デシリットル)という公式を習ったことを思い出しましょう。

ある数 g のデシベル表示を次式で定義します。

$$20 \log_{10} g \text{〔dB〕} \tag{3.30}$$

たとえば,$g = 10$ のときは,$20 \log_{10} 10 = 20$ dB です。表 3.1 に代表的な数値のデシベル値を示します。1 倍が 0 dB に対応し,倍率が 1 倍より大きい場合はデシベル値は正の値をとり,1 倍より小さい場合には負の値をとります。また,値が 10 倍増えるごとに,20 dB 増加します。

3.3 ラプラス変換

3.3.1 ラプラス変換を勉強する理由とラプラス変換の定義

時間関数である信号 $f(t)$ を,その波形(グラフ)で見ると,理解しやすいですが,別の世界でその信号を表現したほうが取り扱いが容易になることがありま

す。この一例として、制御工学では、信号をラプラス変換し、仮想的な世界であるラプラス領域で取り扱います。特に、ラプラス変換を用いると、システムの伝達関数 $G(s)$ を定義することができ、伝達関数表現はブロック線図との相性がとても良いのです。もう一つの仮想世界は、周波数領域です。周波数領域に変換するためのツールは**フーリエ変換**です。フーリエ変換とラプラス変換は似ているので、本書ではラプラス変換の特殊な場合がフーリエ変換であるという立場で説明していきます。

本書では、負の時間で 0 の値をとる信号 $x(t)$ を対象とします[3]。この信号 $x(t)$ の**ラプラス変換**（Laplace transform）は

$$X(s) = \mathcal{L}[x(t)] = \int_0^\infty x(t)e^{-st}\mathrm{d}t \tag{3.31}$$

で定義されます。ここで、$\mathcal{L}[\,\cdot\,]$ はラプラス変換を表します。このように、信号 $x(t)$ に e^{-st}（これはラプラス変換の**核**（kernel）と呼ばれます）を乗じて、時間積分する操作をラプラス変換と呼びます。

このとき、$x(t)$ と $X(s)$ を**ラプラス変換対**といいます。$s\ (=\sigma+j\omega)$ は複素数なので、$X(s)$ は s の複素関数になります。時間 t の実関数だった $x(t)$ が複素関数 $X(s)$ に変換されるというと、難しく感じるかもしれませんが、本書でそれほど気にする必要はありません。

3.3.2 制御工学で用いる基本的な信号とそのラプラス変換

制御工学でよく登場する重要な信号を図 3.6 に示します。以下では、それらの信号の特徴と、それらのラプラス変換を与えていきましょう。

(a) 単位インパルス信号 $\delta(t)$

図 3.6 (a) は単位インパルス信号の波形です。これは、ディラックの**デルタ関数**とも呼ばれる、ちょっと変わった信号です。図より、単位インパルス信号は時刻 $t=0$ のみで値 ∞ を持ち、他の時刻では 0 なのです。また、

$$\int_{-\infty}^\infty \delta(t)\,\mathrm{d}t = 1$$

---

[3] これを**因果信号**（causal signal）といいます。

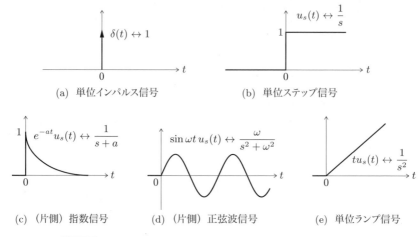

図 3.6　制御工学で用いる基本的な信号とそれらのラプラス変換

という性質を持つことから単位インパルス信号と呼ばれます。さらに，任意の信号 $f(t)$ に対して次式が成り立ちます。

$$\int_{-\infty}^{\infty} f(t)\delta(t-a)\mathrm{d}t = f(a) \tag{3.32}$$

この様子を図 3.7 に示します。図において，$\delta(t-a)$ は $\delta(t)$ を a だけ右に推移（シフト）した信号です。式 (3.32) は，$t=a$ のところで，関数 $f(t)$ に単位インパルス関数を作用させてすべての時間にわたって積分すると，その点での関数の値 $f(a)$ が取り出せるという意味です。

　単位インパルス信号をラプラス変換すると，

$$\mathcal{L}[\delta(t)] = \int_{0}^{\infty} \delta(t)e^{-st}\mathrm{d}t = e^{-s\cdot 0} = 1 \tag{3.33}$$

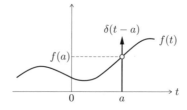

図 3.7　単位インパルス信号の性質

となります。ここで，$f(t) = e^{-st}$，$a = 0$ として式 (3.32) を使いました。単位インパルス信号 $\delta(t)$ のラプラス変換は 1 なので，$\delta(t)$ はラプラス変換の基本となる要素です。さらに，単位インパルス信号は，時間領域で線形システムを記述するときに利用される重要な信号です。

(b) 単位ステップ信号 $u_s(t)$

図 3.6 (b) の単位ステップ信号は，

$$u_s(t) = \begin{cases} 0, & t < 0 \\ 1, & t \geq 0 \end{cases} \tag{3.34}$$

で定義されます。この信号は，制御工学や電気回路で重要な信号で，特に電気回路では直流電源に対応します。

$u_s(t)$ のラプラス変換は，次式のように計算できます。

$$\mathcal{L}[u_s(t)] = \int_0^\infty u_s(t)e^{-st}\mathrm{d}t = \int_0^\infty e^{-st}\mathrm{d}t = \frac{1}{s} \tag{3.35}$$

後述しますが，この $1/s$ は積分器に対応します。

(c) 指数信号 $e^{-at}u_s(t)$

図 3.6 (c) の指数信号は，単位ステップ信号 $u_s(t)$ を用いて，$e^{-at}u_s(t)$ と表される減衰指数信号です（$a > 0$ としました）。制御工学だけでなく，放射性同位体の半減期のように，物理現象を記述するときにも登場します。負の時刻では 0 の値をとるので，「片側指数信号」と呼ばれることもありますが，本書では「片側」は省略します。

指数信号 $e^{-at}u_s(t)$ のラプラス変換は，

$$\mathcal{L}[e^{-at}u_s(t)] = \int_0^\infty e^{-at}e^{-st}\mathrm{d}t = \frac{1}{s+a} \tag{3.36}$$

となります。式 (3.36) の右辺は，制御工学においては 1 次系として登場します。

(d) 正弦波信号 $\sin \omega t\, u_s(t)$

図 3.6 (d) の正弦波信号は，電気回路では交流電源に対応します。この信号のラプラス変換はつぎのようになります。

$$\mathcal{L}[\sin \omega t\, u_s(t)] = \frac{\omega}{s^2 + \omega^2} \tag{3.37}$$

導出は省略しました。また，余弦波 $\cos\omega t\, u_s(t)$ のラプラス変換は

$$\mathcal{L}[\cos\omega t\, u_s(t)] = \frac{s}{s^2 + \omega^2} \tag{3.38}$$

で与えられます。正弦波信号は，システムを周波数領域で表現するときに重要な信号です。

(e) 単位ランプ信号 $t\,u_s(t)$

図 3.6 (e) の単位ランプ信号は，負の時刻では 0 で，正の時刻では傾きが 1 の 1 次関数です。

$$tu_s(t) = \begin{cases} 0, & t < 0 \\ t, & t \geq 0 \end{cases} \tag{3.39}$$

ニューラルネットワークでは活性化関数の一つである「ReLU 関数」(rectified linear unit function) と呼ばれています。この信号のラプラス変換は，部分積分を利用すると計算でき，つぎのようになります。

$$\mathcal{L}[tu_s(t)] = \frac{1}{s^2} \tag{3.40}$$

以上で紹介した信号とそのラプラス変換を，表 3.2 にまとめます。

表 3.2　制御工学で暗記すべき重要なラプラス変換対

名　称	$x(t)$	$X(s)$
(a)　単位インパルス信号	$\delta(t)$	1
(b)　単位ステップ信号	$u_s(t)$	$\dfrac{1}{s}$
(c)　指数信号	$e^{-at}\, u_s(t)$	$\dfrac{1}{s+a}$
(d)　正弦波信号	$\sin\omega t\, u_s(t)$	$\dfrac{\omega}{s^2 + \omega^2}$
余弦波信号	$\cos\omega t\, u_s(t)$	$\dfrac{s}{s^2 + \omega^2}$
(e)　単位ランプ信号	$tu_s(t)$	$\dfrac{1}{s^2}$

コラム 3.1　ヘビサイド

オリバー・ヘビサイド（Oliver Heaviside, 1850〜1925）は英国の電気工学者，数学者です。電気回路のホイートストンブリッジで有名なチャールズ・ホイートストンの甥に当たります。1884 年，彼は当時 20 個の数式から構成されていたマクスウェル方程式を，現在使われている四つのベクトル形式の数式に変換しました。1880〜1887 年の間に，線形微分方程式の演算子法である**ヘビサイドの演算子法**を発表しました。彼のおかげでラプラス変換が再発見され，微分方程式の解法の一つとして広く使われるようになりました。

ヘビサイド
(SuperGirl at en.wikipedia
/ Public domain)

電気回路の分野では，彼はインピーダンスの概念を与え，またヘビサイドの階段関数（単位ステップ関数とほぼ同じですが，$t = 0$ のとき，0.5 の値をとる点が違います）を提案しました。さらに，インダクタンスやコンダクタンスなどといった電気回路の技術用語を提案しました。

このように，ヘビサイドは電磁気学，電気回路，そして制御工学など，われわれが関わる分野における基礎を確立した功労者の一人です。

3.3.3　ラプラス変換の性質

制御工学で利用することが多いラプラス変換の重要な性質を表 3.3 にまとめます。表ではつぎのような記号を用いています。

$$\mathcal{L}[x(t)] = X(s), \quad \mathcal{L}[y(t)] = Y(s)$$

それぞれの性質について，説明していきましょう。

(1) 線形性

表 3.3 の性質 (1) に示すように，ラプラス変換は線形演算です。これは二つの時間関数の和のラプラス変換は，それぞれのラプラス変換の和に等しいという意味です。逆ラプラス変換も線形演算です。このようなラプラス変換の線形性を，今後いろいろな場面で利用します。

表3.3 制御工学で利用するラプラス変換の性質

性 質	数 式
(1) 線形性	$\mathcal{L}[ax(t) + by(t)] = a\mathcal{L}[x(t)] + b\mathcal{L}[y(t)]$
(2) 時間軸推移	$\mathcal{L}[x(t - \tau)] = e^{-\tau s}X(s)$
(3) s 領域推移	$\mathcal{L}[e^{-at}x(t)] = X(s + a)$
(4) 時間微分	$\mathcal{L}\left[\dfrac{\mathrm{d}}{\mathrm{d}t}x(t)\right] = sX(s) - x(0)$
(5) 時間積分	$\mathcal{L}\left[\displaystyle\int_0^t x(\tau)\mathrm{d}\tau\right] = \dfrac{X(s)}{s}$
(6) たたみ込み積分	$\mathcal{L}[x(t) * y(t)] = X(s)Y(s)$
(7) 最終値の定理	$\displaystyle\lim_{t \to \infty} x(t) = \lim_{s \to 0} sX(s)$

(2) 時間軸推移

信号を $x(t) = u_s(t)$ としたときを図 3.8 (a) に示し，時間 τ だけ右に推移した信号 $x(t - \tau)$ を図 3.8 (b) に示します。時間は時間軸（横軸）の左から右へ進んでいくので，本来であれば，図 (a) のように時刻 $t = 0$ で信号の値が 1 に変化するものが，図 (b) では時刻 $t = \tau$ になって遅れて変化しています。このとき，$x(t)$ のラプラス変換 $X(s)$ が既知（この図の例では $1/s$）なら，$x(t - \tau)$ のラプラス変換は計算できます（この図では $e^{-\tau s}/s$）。これが性質 (2) の意味です。

図 3.8 (b) のように $\tau > 0$ のときは，**時間遅れ**と呼ばれます。一方，$\tau < 0$ のときは**時間進み**と呼ばれます。時間進みが実現できれば未来がわかることを意味するので，これは物理的には難しいです。一方，時間遅れは過去の値を参照する

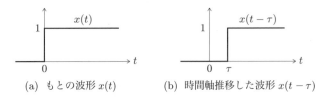

(a) もとの波形 $x(t)$ (b) 時間軸推移した波形 $x(t - \tau)$

図 3.8 信号の時間軸推移

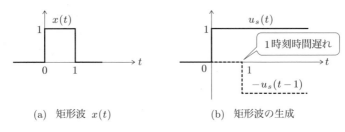

(a) 矩形波 $x(t)$　　　　　　(b) 矩形波の生成

図 3.9 ラプラス変換の例題（零次ホールダ）

ことなので物理的に実現でき，**むだ時間**という名称で制御工学ではしばしば登場します。

つぎに，図 3.9 に示す矩形波と呼ばれる信号 $x(t)$ をラプラス変換する問題を考えましょう。この信号は，図 (b) に示すように二つの単位ステップ信号，すなわち普通の単位ステップ信号と，符号を反転して 1 時刻遅れた単位ステップ信号の和として，次式のように書くことができます。

$$x(t) = u_s(t) - u_s(t-1)$$

時間軸推移の性質を用いてこの信号をラプラス変換すると，

$$X(s) = \mathcal{L}[u_s(t) - u_s(t-1)] = \mathcal{L}[u_s(t)] - \mathcal{L}[u_s(t-1)]$$
$$= \frac{1}{s} - \frac{1}{s}e^{-s} = \frac{1 - e^{-s}}{s}$$

が得られます。ここで，性質 (1) の線形性を利用しました。

図 3.9 の信号 $x(t)$ は，ディジタル制御における零次ホールダに対応します。零次ホールダとは，各サンプリング点の間，信号の値を一定値に保持する装置のことです。

(3) s 領域推移

つぎは，性質 (3) の s 領域推移です。この性質は (2) の時間軸推移と似ており，このような関係を**双対**な関係といいます。性質 (3) は，ある信号 $x(t)$ のラプラス変換 $X(s)$ が既知のとき，その s を $s + a$ に置き換えた $X(s+a)$ の逆ラプラス変換は $e^{-at}x(t)$ であることを意味しています。たとえば，単位ステップ信号 $u_s(t)$ のラプラス変換が $1/s$ であることを知っているとき，性質 (3) より

$1/(s+a)$ の逆ラプラス変換は $e^{-at}u_s(t)$ になります。これは指数信号のラプラス変換として式 (3.36) ですでに勉強しましたが，この性質を使っても導出できるのです。

　別の例題を用いて，性質 (3) についての理解を深めましょう。ここでは，

$$Y(s) = \frac{1}{s^2 + 4s + 5} \tag{3.41}$$

を逆ラプラス変換して，もとの信号 $y(t) = \mathcal{L}^{-1}[Y(s)]$ を求める問題を考えます。式 (3.41) の分母を**平方完成**すると，

$$Y(s) = \frac{1}{(s+2)^2 + 1} \tag{3.42}$$

になります。いま，頭の中に正弦波のラプラス変換の公式

$$\mathcal{L}[\sin \omega t\, u_s(t)] = \frac{\omega}{s^2 + \omega^2}$$

があれば（表 3.2 の (d) です），式 (3.42) は，$\omega = 1$ の正弦波のラプラス変換に対応しており，s が $s+2$ に s 領域推移していることがわかります。したがって，

$$y(t) = \mathcal{L}^{-1}[Y(s)] = e^{-2t} \sin t\, u_s(t)$$

が得られます。これは，時間の経過とともに減衰して 0 に向かう減衰正弦波信号です。

(4) 時間微分，(5) 時間積分

　時間微分と時間積分は対になる演算なので，ここでは両者について説明しましょう。

　表 3.3 の性質 (4) では 1 回微分のラプラス変換を示しましたが，一般の n 回微分のラプラス変換は，

$$\mathcal{L}\left[\frac{\mathrm{d}^n}{\mathrm{d}t^n}x(t)\right] = s^n X(s) - s^{n-1}x(0) - s^{n-2}x^{(1)}(0) - \cdots\cdots$$
$$- sx^{(n-2)}(0) - x^{(n-1)}(0) \tag{3.43}$$

で与えられます。ここで，$x^{(i)}$ は i 回微分を表します。たとえば，$x^{(1)}(0)$ は x の 1 回微分の初期値を表します。このように，n 回微分のラプラス変換は，初期

値がたくさん出てきて複雑になります。ラプラス変換を用いて微分方程式を解く場合には，初期値の影響を考慮する必要がありますが，制御工学でラプラス変換を用いて伝達関数を計算する場合には，すべての初期値を 0 とおいて計算します。このとき，

$$\mathcal{L}\left[\frac{\mathrm{d}^n}{\mathrm{d}t^n}x(t)\right] = s^n X(s) \tag{3.44}$$

となります。これより，時間領域における n 回の微分演算は，s 領域においては s^n を乗ずることに対応します。したがって，n 階微分方程式は s 領域においては s の n 次代数方程式に変換されます。

一方，n 重積分は，s^n で割ることに対応します。以上より，時間領域における微分・積分は，s 領域においては乗算・除算に置き換わります。

(6) たたみ込み積分

二つの信号 $x(t)$ と $y(t)$ のたたみ込み積分（convolution）は，次式のように定義されます。

$$x(t) * y(t) = \int_0^t x(\tau)y(t-\tau)\mathrm{d}\tau \tag{3.45}$$

この式の右辺の積分を書く代わりに，本書では $*$ を使って，左辺のように $x(t) * y(t)$ でたたみ込み積分を表すこともあります。

たたみ込み積分は，第 4 章で述べる線形性を時間領域で規定する「重ね合わせの理」と密接に関係しており，線形システム理論において出発点となる演算です。時間領域では式 (3.45) のようにちょっと面倒な計算ですが，この式をラプラス変換すると，ラプラス領域では両者のラプラス変換の積になり，演算が楽になります。これが性質 (6) の意味です。第 4 章で述べる線形システムの伝達関数表現のときに，この性質を利用します。

(7) 最終値の定理

制御工学では，時間 t が十分に経過した後，信号 $x(t)$ がどのような値に落ち着くかという，定常特性を議論することがあります。もちろんずーっと信号を観察していればよいのですが，時間領域での $t \to \infty$ はラプラス領域では $s \to 0$ に対応するので，ラプラス領域で最終値を計算できる，というのがこの性質の意

味です。なお，$X(s)$ の極（分母多項式 $= 0$ としたときの根）はすべて s 平面の左側に存在すると仮定します。第5章で制御システムの定常特性を議論するときに，この性質を利用します。

3.3.4　逆ラプラス変換の計算法：留数計算の秘密

$X(s)$ から $x(t)$ を求める次式の逆ラプラス変換について説明します。

$$x(t) = \mathcal{L}^{-1}[X(s)]$$

逆ラプラス変換の公式も存在しますが，通常はそれを用いずに，つぎの手順で計算します。

Step 1：$X(s)$ を**部分分数展開**（あるいは「部分分数分解」）し，留数計算を用いて基本的な信号の和で表現する。

Step 2：表 3.2 の基本的な信号のラプラス変換と表 3.3 のラプラス変換の性質を利用して，信号 $x(t)$ を計算する。

二つの例題を通して「留数計算の秘密」を理解することが，ここでの目的です。

例題 3.1　つぎの関数

$$X(s) = \frac{s+3}{(s+1)(s+2)} \tag{3.46}$$

を用いて，逆ラプラス変換の計算の手順を勉強しましょう。

Step 1：式 (3.46) を次式のように単純な分数の和で表現することを「部分分数展開」といいます。

$$X(s) = \frac{a}{s+1} + \frac{b}{s+2} \tag{3.47}$$

このとき，未知数 a, b を求めることが問題になります。高校生だと恒等式の知識を使って，連立方程式を立てて未知数を求めるでしょうが，もう少しエレガントに求めてみましょう。

　まず，a を求めるために，式 (3.47) の両辺を $(s+1)$ 倍すると，

$$(s+1)X(s) = a + \frac{b(s+1)}{s+2}$$

が得られます。この式の左辺に式 (3.46) を代入すると，

$$\frac{s+3}{s+2} = a + \frac{b(s+1)}{s+2}$$

となり，この式の両辺で $s = -1$ とおくと，右辺第 2 項が 0 になるので，

$$a = \left.\frac{s+3}{s+2}\right|_{s=-1} = 2$$

が得られます。ここで，上式のまん中の式は $(s+3)/(s+2)$ に $s = -1$ を代入することを意味します。説明するとややこしく聞こえますが，以上の手順を数式で書くと，

$$a = (s+1)X(s)|_{s=-1} = \left.\frac{s+3}{s+2}\right|_{s=-1} = 2 \tag{3.48}$$

となります。同様にして，

$$b = (s+2)X(s)|_{s=-1} = \left.\frac{s+3}{s+1}\right|_{s=-2} = -1 \tag{3.49}$$

より，b が計算できます。このような計算を留数計算といいます。以上より，式 (3.46) は次式のように部分分数展開できます。

$$X(s) = \frac{2}{s+1} - \frac{1}{s+2} \tag{3.50}$$

Step 2：式 (3.50) を見ると，これは基本的な信号である指数信号のラプラス変換の差なので，逆ラプラス変換の線形性より，それぞれに対して逆ラプラス変換を計算して，差をとると，

$$x(t) = \mathcal{L}^{-1}\left[\frac{2}{s+1} - \frac{1}{s+2}\right] = \mathcal{L}^{-1}\left[\frac{2}{s+1}\right] - \mathcal{L}^{-1}\left[\frac{1}{s+2}\right]$$
$$= \left(2e^{-t} - e^{-2t}\right)u_s(t) \tag{3.51}$$

が得られます。

留数計算は初心者にとってはとっつきにくいものかもしれませんが，慣れてしまうと，暗算でも計算できるくらい簡単な計算法ですので，ぜひマスターしてください。

例題 3.2 (重根の場合) つぎの関数

$$X(s) = \frac{1}{s(s+1)^2} \tag{3.52}$$

を用いて，重根が存在する場合の部分分数展開について見ていきましょう。

この場合には，次式のように部分分数展開します。

$$X(s) = \frac{a}{s} + \frac{b_1}{(s+1)^2} + \frac{b_2}{s+1} \tag{3.53}$$

まず，式 (3.53) の両辺を s 倍すると，

$$sX(s) = a + \frac{b_1 s}{(s+1)^2} + \frac{b_2 s}{s+1}$$

となり，これまでと同じように両辺で $s = 0$ とおくと，上式の右辺第 2, 3 項は 0 になるので，

$$a = sX(s)\big|_{s=0} = \frac{1}{(s+1)^2}\bigg|_{s=0} = 1$$

が得られます。同様にして，式 (3.53) を $(s+1)^2$ 倍すると，

$$(s+1)^2 X(s) = \frac{a(s+1)^2}{s} + b_1 + b_2(s+1) \tag{3.54}$$

となり，両辺で $s = -1$ とおくと，式 (3.54) の右辺第 1, 3 項は 0 になるので，

$$b_1 = (s+1)^2 X(s)\big|_{s=-1} = \frac{1}{s}\bigg|_{s=-1} = -1$$

が得られます。ここまでは，前の例題と同じです。

さて，問題は係数 b_2 の計算法です。利用できるのは式 (3.54) ですので，この式をじっと見ると，両辺を s で微分すれば，b_2 が単独で出てきそうです。そこで，微分すると，

$$\frac{\mathrm{d}}{\mathrm{d}s}(s+1)^2 X(s) = \frac{\mathrm{d}}{\mathrm{d}s}\left(\frac{a(s+1)^2}{s}\right) + b_2 \tag{3.55}$$

となります。高校のときに勉強した「商の微分」を用いると，上式の右辺第 1 項は，

$$\frac{d}{ds}\left(\frac{a(s+1)^2}{s}\right) = \frac{a}{s^2}\left(2(s+1)s - (s+1)^2\right)$$

となり，この式で $s = -1$ とおくと 0 になります。よって，式 (3.55) で $s = -1$ とおくと

$$b_2 = \frac{d}{ds}(s+1)^2 X(s)\Bigg|_{s=-1} = \frac{d}{ds}\frac{1}{s}\Bigg|_{s=-1} = -\frac{1}{s^2}\Bigg|_{s=-1} = -1 \qquad (3.56)$$

が得られます。このような理由で，重根の場合には微分が登場します。

以上より，部分分数展開は，

$$X(s) = \frac{1}{s} - \frac{1}{(s+1)^2} - \frac{1}{s+1} \qquad (3.57)$$

となります。これを逆ラプラス変換すると，

$$x(t) = \mathcal{L}^{-1}\left[\frac{1}{s} - \frac{1}{(s+1)^2} - \frac{1}{s+1}\right]$$
$$= \mathcal{L}^{-1}\left[\frac{1}{s}\right] - \mathcal{L}^{-1}\left[\frac{1}{(s+1)^2}\right] - \mathcal{L}^{-1}\left[\frac{1}{s+1}\right] \qquad (3.58)$$

となります。この右辺第 1 項は単位ステップ信号に，第 3 項は指数信号に対応します。右辺第 2 項はランプ信号と s 領域推移の性質を用いると計算でき，

$$x(t) = \left(1 - te^{-t} - e^{-t}\right)u_s(t) \qquad (3.59)$$

が得られます。重根の場合にはランプ信号が登場すると覚えておいてよいでしょう。

3.3.5 ラプラス変換を用いた物理の問題の解法

つぎの高校物理の問題を解いてみましょう。

例題 3.3 （質点の運動） 図 3.10 に示すように，滑らかな床の上に置かれた質量 m 〔kg〕の台車が，バネ定数 k 〔N/m〕のバネで壁に繋がれているとします。つり合いの点から x_0 〔m〕ずれた位置で，この台車を静かに離したときの運動を求めましょう。

問題文を解釈しておきましょう。「滑らかな床の上」という表現は，台車と床の間に摩擦は存在しないことを意味し，「台車を静かに離す」という表現は，速

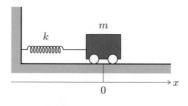

図 3.10 質点の運動

度の初期値は 0 で，台車には外力は作用しないことを意味しています。このようなことを頭に入れて，時刻 t における台車の位置を $x(t)$ として，運動方程式を立てると，

$$m\frac{\mathrm{d}^2 x(t)}{\mathrm{d}t^2} + kx(t) = 0, \quad x(0) = x_0,\ x^{(1)}(0) = 0 \tag{3.60}$$

が得られます。

この微分方程式をラプラス変換を用いて解いてみましょう。ラプラス変換の微分の性質を表す式 (3.43) で，$n = 2$ とすると，

$$\mathcal{L}\left[\frac{\mathrm{d}^2}{\mathrm{d}t^2}x(t)\right] = s^2 X(s) - sx(0) - x^{(1)}(0)$$

なので，これを用いて式 (3.60) をラプラス変換すると，

$$m(s^2 X(s) - sx(0) - x^{(1)}(0)) + kX(s) = 0$$

となり，これに初期値を代入して整理すると，

$$(ms^2 + k)X(s) = msx_0$$

が得られます。さらに，これを変形すると，

$$X(s) = \frac{ms}{ms^2 + k}x_0 = \frac{s}{s^2 + \dfrac{k}{m}}x_0 \tag{3.61}$$

になります。いま，

$$\omega_n = \sqrt{\frac{k}{m}} \tag{3.62}$$

とおき，これを**固有振動数**（natural frequency）と呼びます。おそらくこの式は高校物理で暗記したでしょう。

ここで，"frequency" を物理では「振動数」と訳しますが，電気や制御などでは「周波数」と訳します。そのため，これ以降は ω_n を**固有周波数**と呼びます。本来は，ω〔rad/s〕は角周波数で，f〔Hz〕は周波数と区別しますが，本書では角周波数を周波数と略称します。

式 (3.62) を式 (3.61) に代入すると，

$$X(s) = \frac{s}{s^2 + \omega_n^2} \tag{3.63}$$

となり，これを表 3.2 の (d) を用いて逆ラプラス変換すると，

$$x(t) = x_0 \cos \omega_n t = x_0 \cos \sqrt{\frac{k}{m}}\, t \tag{3.64}$$

が導けます。これは**単振動**（あるいは「調和振動」）を記述する式です。

ここでは物理の問題の例を示しました。ラプラス変換を用いると微分方程式が代数方程式に変換できるので，比較的容易に微分方程式を解くことができます。

さて，式 (3.63) の分母多項式を 0 とおいたものを，この複素関数の**極** s といい，これは，

$$s = \pm j\omega_n$$

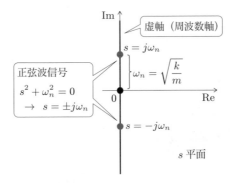

図 3.11 s 平面に極をプロット

となります。これを複素平面である s 平面上にプロットしたものを図 3.11 に示します。図において，虚軸を「周波数軸」と呼び，原点から極までの距離が固有周波数に対応します。すなわち，原点から遠い極ほど周波数は高くなります。

コラム 3.2　理系専門用語の方言問題

　理系では本質的には同じものを，専門分野の違いによって別の用語で表現することがよくあります。先ほど出てきた "frequency" を，物理では「振動数」，電気電子や制御では「周波数」と訳します。初学者は別物かと思ってしまいますが，本質は同じです。また，この本でも出てきますが，インピーダンス特性を複素平面上に図示するとき，電気回路では「ベクトル軌跡」といい，制御では「ナイキスト線図」といいます。また，電気化学では「コールコールプロット」と，別の専門用語を使います。

　ブレークスルーを起こすためには異分野融合が重要であることが認識されてきましたが，いざ違う分野の人と共同研究を始めると，この専門用語の方言問題が立ちはだかります。特に，制御工学ではいろいろな分野を対象とするので，この方言問題対策は重要なテーマです。その解決策がブロック線図などで表した「モデル」です。モデルという標準語を利用することにより，分野の垣根を越えた議論をすることができるようになります。これを進めていこうとするアプローチが "Model-Based Development" （MBD）であり，2000 年以降，自動車産業を中心にさまざまな分野でこのアプローチが活用されています。制御工学でも "Model-Based Control"（MBC）が基本的なアプローチです。

　まったく別の話ですが，「湘南」というとちょっとおしゃれでカッコいいイメージがありますが，もともとは鎌倉，江の島，茅ヶ崎などは漁港の町なのでいろいろな方言が残っています。「そうだべ」などと「だべ」を語尾につけるのは湘南方言です。

第4章

制御対象のモデリング

Modeling

Analysis → Design

　制御工学の第一歩は，制御対象である実システムを何らかの数学モデルで表現することです。この作業を「モデリング」といいます。本章では線形システムを，時間領域，ラプラス領域，そして周波数領域の三つの領域でモデリングする方法を学びます。制御系設計サイクルにおいて，本章で述べる制御対象のモデリング（modeling）は，そのあとに続く制御対象の解析（analysis），コントローラの設計（design）のための重要な基礎になります。

4.1　重ね合わせの理と線形システム

　本書では，図 4.1 に示すように，対象とするシステム S への入力を $u(t)$，出力を $y(t)$ とし，**1 入力 1 出力**（single-input, single-output; SISO）線形システムを仮定します。ここで，t は連続的に変化する時間で，**連続時間**と呼ばれます。一番重要な仮定は，対象が**線形システム**であることです。

　そこで，線形システムを時間領域で定義するために必要な重ね合わせの理につ

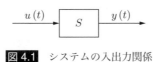

図 4.1　システムの入出力関係

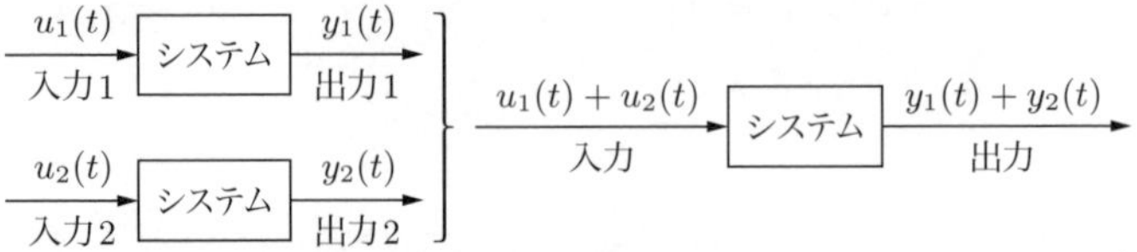

図 4.2　重ね合わせの理の意味

いて，図 4.2 を用いて説明します。この図では，まず，あるシステムに入力 $u_1(t)$ を印加して，出力 $y_1(t)$ を測定します。つぎに，同じシステムに別の入力 $u_2(t)$ を印加して，出力 $y_2(t)$ を測定します。このような準備のもとで，二つの入力の和 $u_1(t) + u_2(t)$ を印加したとき，対応する出力が $y_1(t) + y_2(t)$ になる場合，かつ，$cu_1(t)$ を印加したときの出力が $cy_1(t)$ になる場合（c は定数），**重ね合わせの理**が成り立つといいます。

システムを $S(\cdot)$ と書くとき，重ね合わせの理は次式で表されます。

$$S(c_1 u_1(t) + c_2 u_2(t)) = c_1 S(u_1(t)) + c_2 S(u_2(t))$$
$$= c_1 y_1(t) + c_2 y_2(t) \tag{4.1}$$

ここで，c_1, c_2 は定数です。この式を見ると，線形関数の定義を思い出されたかもしれません。すなわち，関数 $f(\cdot)$ が線形であるための条件は

$$f(c_1 x_1 + c_2 x_2) = c_1 f(x_1) + c_2 f(x_2) \tag{4.2}$$

で，これは式 (4.1) と同じ意味です。

「線形」と言われると，数学的に難しいものと感じ，構えてしまうかもしれませんが，線形の英訳は "linear"（リニア）で，これは「直線」という意味です。したがって，定義式 (4.2) を満たす線形関数は，原点を通る直線 $f(x) = ax$ だけなのです。それ以外の関数はすべて**非線形**（nonlinear）です。2 次関数，3 次関数，正弦波など，曲線はすべて非線形関数であり，関数全体から見ると線形関数は非常に特殊な場合なのです。

では，なぜ大学の学部では「線形代数」を勉強するだけで，「非線形代数」という科目はないのでしょうか？ そもそも非線形代数とひとくくりにできる分野はないのですが，最も直接的な回答は，非線形代数は広範囲かつ難解なので，学

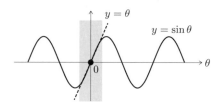

図 4.3 非線形関数の線形近似

部で教えるレベルにはなく，学部では理論的に整備された線形代数をきちんと学ぶことに意味がある，でしょう。

　もう一つの回答は，非線形関数でも場所を限定すれば，線形関数で近似できることが挙げられます。その例を $y = \sin\theta$ という三角関数を使って図 4.3 に示します。正弦波は曲線，すなわち非線形関数ですが，原点でその接線を引けば，$y = \theta$ という傾きが 1 の 1 次関数が得られ，θ の値が小さい範囲では，その直線で正弦波を近似できます。これを非線形関数の **1 次近似**（**線形近似**）といいます。数学的には，正弦波を原点近傍で**テイラー級数展開**（厳密には，「マクローリン展開」といいます）すると，

$$\sin\theta = \theta - \frac{\theta^3}{3!} + \frac{\theta^5}{5!} - \cdots$$

が得られ，その 1 次の項までを用いて，次式のように近似することに対応します。

$$\sin\theta \approx \theta$$

　関数と同様に，現実のシステムは何らかの意味で必ず非線形システムであり，ほとんどすべての場合，重ね合わせの理は成り立ちません。しかし，制御したい場所（これを**動作点**あるいは**平衡点**といいます）が決まれば，その近傍では線形システムで近似しても大丈夫でしょう，という考えに基づいて線形システムを利用します。さらに，コントローラが適切に設計されていて，制御量（制御出力）が動作点近傍に留まるようにうまく制御されていれば，システムは線形の範囲内で動作するはずです。もちろん実問題では，非線形性が強い対象を相手にしなければならないことがしばしばあります。動作点が変化する状況も生じます。制御工学においては，非線形制御理論についても精力的に研究されていますが，本

書は制御の入門書なので，制御対象を線形システムに限定して話を進めていきます。

4.2 時間領域における線形システムの表現

4.2.1 インパルス応答による表現

　線形システムの表現は，図 4.4 に示すシステムのインパルス応答の利用から始まります。ここで，入力として単位インパルス信号 $u(t) = \delta(t)$ を線形システムに印加したときの出力 $y(t)$ を**インパルス応答**といい，ここでは $g(t)$ と表記します。図中に示しているように，インパルス応答とは，あまり適切な例ではありませんが，ある時刻に頭をハンマーでカチンと叩かれたときの，痛みの時間変化のようなものです。ひどく叩かれたのでなければ，図に示したように，通常，その痛みは時間の経過とともに治まっていき，なくなるでしょう。

　結果をまとめておきましょう。

Point 4.1　時間領域における線形システムの表現

線形システムの出力 $y(t)$ は，印加した入力 $u(t)$ と，システムのインパルス応答 $g(t)$ を用いて，次式より計算できます。

$$y(t) = g(t) * u(t) = \int_0^t g(\tau)u(t-\tau)\mathrm{d}\tau \tag{4.3}$$

ここで，式 (4.3) 右辺の積分計算は**たたみ込み積分**と呼ばれます。

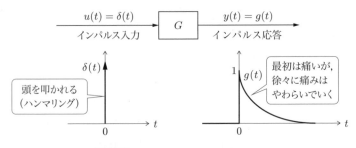

図 4.4　システムのインパルス応答

　言葉を変えて言うと，線形システムのインパルス応答 $g(t)$ が既知であれば，どんな入力 $u(t)$ に対するシステムの出力 $y(t)$ も，式 (4.3) のたたみ込み積分を用いて計算できるのです。

　たたみ込み積分のイメージを図 4.5 に示します。この図についてかみくだいて説明しましょう。まず，一番上に示している枠で囲んだ図が，「ある入力 $u(t)$ を線形システムに印加したときの出力 $y(t)$ を求めたい」という，ここで考えている問題の図解です。つぎの図 (1) は，印加する入力信号 $u(t)$ を幅 Δ で短冊状に分割しています。これは，サンプリング周期 Δ で連続時間信号を離散化することに対応します。あるいは，数値解析を勉強したことがあれば，数値積分を思い出せばよいでしょう。その分割された入力信号を一つ一つ線形システムに印加して，それに対応する出力を計算していきます。このプロセスを，図では (2) の部分で示しています。計算過程は省略しますが，こうして順次出力信号が計算されると，「重ね合わせの理」の登場です。この原理のおかげで，それぞれ別々に入力した信号に対する出力の総和をとれば，図の (3) のように，もとの短冊状の一連の入力信号の応答になります。最後の (4) で，短冊の幅 Δ を 0 に近づけていくと，総和計算が積分計算に置き換わり，たたみ込み積分が導かれます。

　時間領域においてインパルス応答を用いて線形システムを記述する方法は，線形システム理論の第一歩です。しかし，たたみ込み積分の評判はあまり芳しくありません。制御工学を勉強するとすぐにたたみ込み積分が登場しますが，これを見た瞬間に制御工学が嫌いになってしまう人が続出しているようです。

　しかしご安心ください。制御工学では時間領域でシステムを議論することはほとんどなく，3.3.3 項で述べたラプラス変換の性質 (5) を用いて仮想的なラプラス領域や，フーリエ変換を用いて周波数領域で議論を進めていきます。

4.2.2　微分方程式による表現

　時間領域において線形システムを記述する別の方法は，線形微分方程式を用いるものです。

　第 2 章では力学システムの例としてニュートンの運動方程式を紹介しました。それをより現実的にしたものに，図 4.6 に示す**バネ・マス・ダンパシステム**があります。図のように，質量 m の質点が減衰を与えるダンパと弾性を与えるバ

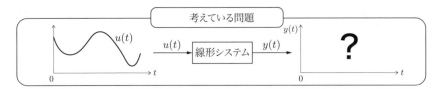

(1) 入力信号 $u(t)$ を幅 Δ の短冊状に分解

(2) それぞれの入力信号に対する応答を計算

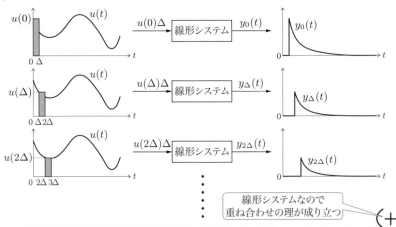

(3) 計算した応答の和を計算

(4) $\Delta \to 0$ の極限をとると，総和（Σ）が積分になる

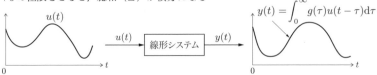

$$y(t) = \int_0^\infty g(\tau)u(t-\tau)\mathrm{d}\tau$$

図 4.5 たたみ込み積分の計算のイメージ

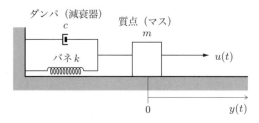

図 4.6 バネ・マス・ダンパシステム

ネによって壁に繋がれているとします。質点へ印加する力を入力 $u(t)$，質点の変位を出力 $y(t)$ とすると，質点の運動を記述するつぎの微分方程式が成り立ちます。

$$m\frac{\mathrm{d}^2 y(t)}{\mathrm{d}t^2} + c\frac{\mathrm{d}y(t)}{\mathrm{d}t} + ky(t) = u(t) \tag{4.4}$$

ここで，ダンパの粘性摩擦係数を c，バネのバネ定数を k としました。このように，力学システムの振る舞いを微分方程式で記述することができます。

つぎは，電気回路の例で，図 4.7 に示す RLC 直列回路を考えましょう。図において，コンデンサの電荷を $q(t)$，印加した電圧を $v(t)$ とすると，キルヒホッフの電圧則から，微分方程式

$$L\frac{\mathrm{d}^2 q(t)}{\mathrm{d}t^2} + R\frac{\mathrm{d}q(t)}{\mathrm{d}t} + \frac{1}{C}q(t) = v(t) \tag{4.5}$$

が得られます。ここで，R は抵抗，L はコイルのインダクタンス，C はコンデンサのキャパシタンスを表します。

これら二つの例からわかるように，われわれが学んできた多くの物理法則は微分方程式で記述されています。特に，重要な物理法則は 2 階微分方程式で記述さ

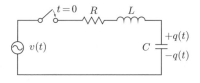

図 4.7 RLC 直列回路

れることが多いことに注意しましょう。これは制御工学では2次系に対応し，制御においても2次系は重要なシステムです。

4.3 ラプラス領域における線形システムの表現：伝達関数

時間領域からラプラス領域へワープしましょう。第3章で学んだラプラス変換の出番です。

4.3.1 伝達関数の定義 (1)

線形システムの出力 $y(t)$ は，入力 $u(t)$ とインパルス応答 $g(t)$ のたたみ込み積分で次式のように計算できることを，前節で説明しました。

$$y(t) = \int_0^t g(\tau)u(t-\tau)\mathrm{d}\tau \tag{4.6}$$

ラプラス変換の性質 (6)，すなわち，時間領域でのたたみ込み積分をラプラス変換すると乗算になるという性質を用いて，式 (4.6) をラプラス変換すると，

$$y(s) = G(s)u(s) \tag{4.7}$$

が得られます。ちょっと混乱しやすいですが，信号 $u(t)$, $y(t)$ のラプラス変換は，同じ小文字の記号を使って $u(s) = \mathcal{L}[u(t)]$, $y(s) = \mathcal{L}[y(t)]$ としました。このとき，つぎの結果が得られます。

Point 4.2 インパルス応答と伝達関数

線形システムのインパルス応答 $g(t)$ のラプラス変換 $G(s)$，すなわち

$$G(s) = \mathcal{L}[g(t)] = \int_0^\infty g(t)e^{-st}\mathrm{d}t \tag{4.8}$$

を伝達関数と呼びます。このように，$g(t)$ と $G(s)$ はラプラス変換対です。

4.3.2 伝達関数の定義 (2)

前節で紹介したバネ・マス・ダンパシステムを具体的な対象として，伝達関数のもう一つの定義を導入しましょう。このシステムは時間領域で微分方程式

$$m\frac{\mathrm{d}^2y(t)}{\mathrm{d}t^2} + c\frac{\mathrm{d}y(t)}{\mathrm{d}t} + ky(t) = u(t) \tag{4.9}$$

によって記述されました。いま，すべての初期値を 0 として，式 (4.9) をラプラス変換すると，

$$(ms^2 + cs + k)y(s) = u(s) \tag{4.10}$$

が得られます。ここで，$u(s) = \mathcal{L}[u(t)]$，$y(s) = \mathcal{L}[y(t)]$ としました。このように，時間領域では 2 階微分方程式だったものが，ラプラス領域では 2 次代数方程式に変換されます。微分方程式では敷居が高いですが，2 次方程式だと中学生でも解けそうですね。

式 (4.10) を変形すると，

$$y(s) = \frac{1}{ms^2 + cs + k}u(s) \tag{4.11}$$

となります。この式により，入力 u と出力 y の間に乗算の関係が導けました。図 4.8 に示すように，これはブロック線図で表されます。

式 (4.11) より，入力のラプラス変換と出力のラプラス変換との比が**伝達関数**であり，次式のように定義されます。

$$G(s) = \frac{y(s)}{u(s)} = \frac{1}{ms^2 + cs + k} \tag{4.12}$$

伝達関数を用いて入出力関係を記述したものを図 4.9 に示します。このように，ラプラス領域で入出力関係を記述することにより，自然にブロック線図表現が導かれます。そして，ブロック線図を用いることにより，より大規模で複雑なシステムを図的に表現することが可能になります。

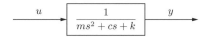

図 4.8 バネ・マス・ダンパシステムのブロック線図

図 4.9 伝達関数を用いたブロック線図表現

4.3.3　伝達関数の例

伝達関数 $G(s)$ は，通常，多項式の分数の形（「有理多項式」と呼ばれます）で表現されます。たとえば，

$$G(s) = \frac{s+2}{s^2 + 2s + 10} \tag{4.13}$$

のように伝達関数を書くことができます。伝達関数を用いると，いろいろ良いことがありましたが，一つだけ悪いことは，伝達関数は複素数 s の複素関数であることです。複素関数論の知識が少しあるといいのですが，本書では複素関数論の難しい知識はほとんど必要ないので，ご安心ください。

まず，式 (4.13) の伝達関数の分母多項式の次数を n，分子多項式の次数を m とします。この例では $n = 2$，$m = 1$ です。分母の次数を**システムの次数**と呼ぶので，このシステムは **2 次系**になります。また，n と m の大小関係にも意味があって，通常，$n \geq m$ で，この場合は**プロパー**（proper；「適切」という意味）と呼ばれ，$n < m$ のとき**インプロパー**と呼ばれます。あとで述べますが，インプロパーなシステムは物理的に実現できないので，インプロパー（不適切）と呼ばれます。さらに，$n - m$ を**相対次数**といいます。プロパーであれば，相対次数は正か 0 です。

つぎに，分母多項式 = 0 の根を**極**（pole）といい，分子多項式 = 0 の根を**零点**（zero）といいます。伝達関数の極と零点はどちらも重要ですが，制御工学ではシステムの安定性や過渡特性に関係する極のほうが，より重要です。極は「特性根」と呼ばれることもあります。これらの用語を表 4.1 にまとめます。

複素関数である $G(s)$ を，時間関数 $g(t)$ の波形のように可視化することは困難ですが，その極と零点を s 平面上にプロットすることで，伝達関数を可視化することができます。式 (4.13) の伝達関数の場合，極は，

$$s^2 + 2s + 10 = 0$$

の根なので，$s = -1 \pm j3$ となり，零点は，

$$s + 2 = 0$$

表 4.1　伝達関数に関連する重要な制御用語

用　語	意　味
システムの次数	分母多項式の次数 n
極（あるいは特性根）	分母多項式 $= 0$ の根
零点	分子多項式 $= 0$ の根
プロパー	分母多項式の次数 $n \geq$ 分子多項式の次数 m
インプロパー	分母多項式の次数 $n <$ 分子多項式の次数 m
相対次数	分母多項式の次数 $-$ 分子多項式の次数 $= n - m$

の根なので，$s = -2$ になります。これらの極と零点を s 平面上にプロットしたものを図 4.10 に示します。この図が伝達関数 $G(s)$ の図的表現であり，**極零プロット**と呼ばれます。本書を読み終わる頃には，この極零プロットを見ただけで，そのシステムの特性を理解できるようになるでしょう。

たとえば，次式で与えられる，ちょっと複雑な伝達関数を持つシステム（4 次系）を考えましょう。

$$G(s) = \frac{s + 10}{s^4 + 3s^3 + 12s^2 + 10s} \tag{4.14}$$

この伝達関数の分母多項式を因数分解すると，

$$G(s) = \frac{s + 10}{s(s + 1)(s^2 + 2s + 10)} \tag{4.15}$$

となり，これをさらにつぎのように乗算の形で分解します。

$$G(s) = \frac{1}{s}(0.1s + 1)\frac{1}{s + 1}\frac{10}{s^2 + 2s + 10} \tag{4.16}$$

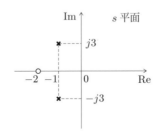

図 4.10　極零プロット：極（×印）と零点（○印）のプロット

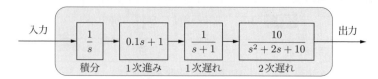

図 4.11　伝達関数の直列接続

この伝達関数のブロック線図を図 4.11 に示します。それぞれのブロックを「基本要素」と呼び，それらの名称をブロックの下に示しています。

Point 4.3　システムの直列接続

古典制御の基本は，基本要素の「直列接続」です。

そのため，直列接続の計算に適した極座標表現が有用で，これについては周波数伝達関数を扱う 4.5 節で説明します。以下では，このような基本要素の伝達関数について説明していきます。

4.4　基本要素の伝達関数

4.4.1　比例要素

システムの入出力関係が，

$$y(t) = Ku(t) \tag{4.17}$$

で表されるとき，定数 K を**比例要素**，あるいは「比例ゲイン」，「定常ゲイン」などと呼びます。この式をラプラス変換して伝達関数を求めると，

$$G(s) = K \tag{4.18}$$

となり，図 4.12 に示すブロック線図が得られます。明らかに比例要素はダイナミクスがない静的な要素であり，入力をその瞬間に K 倍する**係数倍器**（スカラー倍器）です。

図 4.12　比例要素

4.4.2 微分要素

入力信号 $u(t)$ を

$$y(t) = T\frac{\mathrm{d}u(t)}{\mathrm{d}t} \tag{4.19}$$

のように微分して，出力信号 $y(t)$ を生成するシステムを**微分要素**といいます。ここで，T は正の定数です。このシステムの伝達関数は，

$$G(s) = Ts \tag{4.20}$$

で与えられます。ラプラス変換では s が微分を意味することから，この伝達関数が導かれます。微分要素は**微分器**とも呼ばれます。微分要素のブロック線図を図 4.13 (a) に示します。

しかし，微分演算は信号の今後の変化を求める計算なので，信号の未来値が必要になります。そのため，微分要素を実現することは物理的に不可能です。この事実から微分要素は**インプロパー**（不適切）と呼ばれます。微分要素は，分母次数が $n = 0$，分子次数が $m = 1$ なので，$n < m$ となり，インプロパーであることが伝達関数からも確かめられます。

そのため，実際には微分器の代わりに近似微分器

$$G(s) = \frac{Ts}{Ts+1} = Ts\frac{1}{Ts+1} \tag{4.21}$$

を利用することになります。近似微分器は分母次数と分子次数が等しいので，プロパーです。式 (4.21) から明らかなように，近似微分要素は，微分要素と後述する 1 次遅れ要素の直列接続です。

(a) 微分要素   (b) 積分要素

図 4.13 微分要素と積分要素

コラム 4.1　　　ブロック線図のジレンマ

　ここまで説明してきたように，伝達関数を導入することによって，ブロック線図の意味が明確になりました。すなわち，

　　　　入力信号 × システム ＝ 出力信号

という乗算がブロック線図の基本なのです。そのため，古典制御の範囲でブロック線図を描くときには，ブロックで表されるシステムは，ラプラス領域の伝達関数 $G(s)$ で記述されます。同時に，システムに入力される信号と，システムから出力される信号もラプラス領域なので，本来ですと，それらも s の複素関数として $U(s), Y(s)$ のように大文字で表記しなければなりません。

　本書では，入出力信号などの信号は，時間領域としての意味も残したかったので，小文字で表記しました。そのため，信号のラプラス変換は，u, y のように (s) を省略して，ラプラス領域でも小文字で表記しています。それに対して，システムは $G(s)$ のように大文字で表記しました。

4.4.3　積分要素

　入力信号を積分した値を出力するシステムを**積分要素**と呼びます。その伝達関数は，

$$G(s) = \frac{1}{Ts} \tag{4.22}$$

で与えられます。ラプラス変換では $1/s$ が積分を意味することから，この伝達関数が導かれます。積分要素は**積分器**とも呼ばれます。積分要素のブロック線図を図 4.13 (b) に示します。

4.4.4　1 次遅れ要素

　第 2 章の図 2.3 で示した RC 回路について再び考えましょう。直流電圧 $v_i(t)$ を入力 $u(t)$，コンデンサの両端の電圧 $v_o(t)$ を出力 $y(t)$ とすると，微分方程式

$$CR\frac{\mathrm{d}y(t)}{\mathrm{d}t} + y(t) = u(t) \tag{4.23}$$

が得られます。初期値を 0 として，これをラプラス変換して伝達関数を求めると，

$$G(s) = \frac{1}{CRs + 1} \tag{4.24}$$

が得られます。ここで，時定数を $T = CR$ とおくと，つぎのように **1 次遅れ要素**の伝達関数が定義できます。

Point 4.4 1 次遅れ要素

1 次遅れ要素は次式で定義されます。

$$G(s) = \frac{1}{Ts + 1} \tag{4.25}$$

ここで，T は**時定数**です。

式 (4.25) の伝達関数の分母の次数が $n = 1$ なので，この要素は **1 次系**とも呼ばれます。**遅れ**は位相が遅れるという意味ですが，これについては周波数伝達関数を扱う 4.5 節で説明します。式 (4.25) で注意すべき点は，この式で $s = 0$ とおくと，$G(s)$ が 1 になるように規格化されていることです。言い方を変えると，分母多項式の定数項が 1 に規格化されています。これは，1 次遅れ要素に単位ステップ信号を入力したとき，時間が十分経過した定常状態では，出力も 1 になること，すなわち，定常ゲインが 1 であることを保証するためです。

つぎは，この 1 次遅れ要素に単位ステップ信号を印加したときの応答である，**ステップ応答**（$f(t)$ とします）を計算してみましょう。もちろん時間領域でステップ応答を計算するのではなく，ラプラス領域に変換して計算するところがポイントです。計算の様子を図 4.14 に示します[1]。

ステップ応答の計算は，ラプラス領域では乗算なので，

$$f(s) = G(s)u_s(s)$$

となります。ここで，1 次遅れ要素の伝達関数と，単位ステップ信号のラプラス変換は $1/s$ であることを利用すると，

$$f(s) = \frac{1}{Ts + 1}\frac{1}{s}$$

---

[1] この図では t と s が混在しており，本当は良くない書き方ですが，ご勘弁ください。

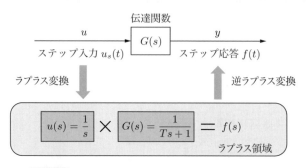

図 4.14 1次遅れ要素のステップ応答の計算の手順

になります。ここからはラプラス変換で勉強した成果を利用しましょう。まず，この式を部分分数展開し，

$$f(s) = \frac{a}{s} + \frac{b}{Ts+1}$$

とします。留数計算より，

$$a = sf(s)|_{s=0} = 1, \quad b = (Ts+1)f(s)|_{s=-1/T} = -T$$

が得られます。よって，

$$f(s) = \frac{1}{s} - \frac{T}{Ts+1} = \frac{1}{s} - \frac{1}{s+\dfrac{1}{T}} \tag{4.26}$$

となります。ここで注意する点をつぎのポイントにまとめました。

Point 4.5 伝達関数の係数の規格化

ラプラス変換の世界では，式 (4.26) の最後の式の第 2 項の分母のように，多項式の最高次数（この式では s）の係数を 1 に規格化します。一方，1 次遅れ要素では，式 (4.25) の右辺の分母のように，最低次数（定数項）の係数を 1 に規格化します。このように，ラプラス変換の規格化と 1 次遅れ要素の規格化はちょっと違うことに注意しましょう。

式 (4.26) を逆ラプラス変換すると，

$$f(t) = \left(1 - e^{-t/T}\right)u_s(t) \tag{4.27}$$

が得られます。これが 1 次遅れ要素のステップ応答です。その波形を図 4.15 (a) に示します。この波形は電気回路における典型的な過渡現象を表しています。図において，ステップ応答の最終値（この場合には 1 です）の 63.2 % に達する時間が時定数 T です。式 (4.27) で $t = T$ とおくと，

$$f(T) = 1 - e^{-1} \approx 0.632$$

となることから，この 63.2 % が登場しました。また，図では原点において，このステップ応答曲線の接線を引いています。この接線を求めてみましょう。$f(t)$ を時間微分すると，

$$f'(t) = \frac{1}{T}e^{-t/T}$$

となるので，$f'(0) = 1/T$ が得られます。これが傾きなので，求める直線の方程式は，

$$y = \frac{1}{T}t$$

となります。この直線がステップ応答の最終値である 1 と交差する時刻，すなわち $y(t) = 1$ となる時刻は $t = T$ です。これより，ステップ応答の実験データの図があれば，原点で接線を引いて，それが定常値と交わる点の時刻から時定数 T が読み取れます。この事実は，第 6 章で述べる PID 制御パラメータのチューニング法であるステップ応答法で利用します。

また，図 4.15 (a) に示しているように，時定数の 3 倍の時間が経過すると，応答波形は最終値の約 95 % に達します。これは第 5 章で述べる 5 % 整定時間に対応します。

1 次遅れ要素の分母多項式を 0 とおく，すなわち，$Ts + 1 = 0$ として，1 次遅れ要素の極を計算すると，

$$s = -\frac{1}{T}$$

が得られます。これを図 4.15 (b) に示します。ここで，T は正の値をとる時定数なので，極は負の実数になります。時定数 T を小さくしていくと，応答は速

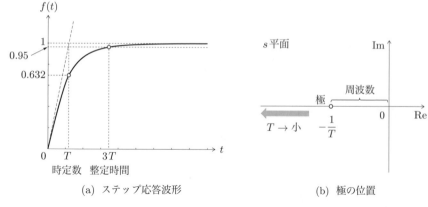

(a) ステップ応答波形 　　　　　　(b) 極の位置

図 4.15 1 次遅れ要素のステップ応答と極

くなります。これを s 平面で見ると，T を小さくするのに従い，極は原点から離れて実部の負の方向へ向かいます。あとで述べますが，原点から極までの距離は，そのシステムが持つ固有周波数に対応するので，原点から遠い極のほうが固有周波数が高くなります。このとき，その応答波形は短時間で 0 に向かいます。以上より，つぎのことが言えそうです。

Point 4.6 制御エンジニアの条件

伝達関数の極の位置からシステムの応答がわかるようになれば，立派な制御エンジニアです。

4.4.5 　1 次進み要素

伝達関数が，

$$G(s) = Ts + 1 \tag{4.28}$$

であるシステムを **1 次進み要素**といいます。微分要素と同じように，この要素はインプロパーです。そのため，1 次進み要素単体で利用されることはなく，式 (4.16) の高次伝達関数の分解の例で示したように，伝達関数の構成要素の一つ，すなわち位相を進ませる要素として登場します。

4.4.6　2次遅れ要素

2次遅れ要素の標準形を与えましょう。

Point 4.7　2次遅れ要素の標準形

2次遅れ要素の標準形は次式で定義されます。

$$G(s) = \frac{\omega_n^2}{s^2 + 2\zeta\omega_n s + \omega_n^2} \tag{4.29}$$

ここで，ω_n を**固有角周波数**，あるいは単に**固有周波数**と呼びます[2]。また，ζ は**減衰比**です[3]。ここで，物理定数である ω_n と ζ は正であることに注意しましょう。

　式 (4.29) では，1次遅れ要素の場合と同じように，$s = 0$ とおいたときに，$G(0) = 1$ になるように規格化されています。1次遅れ要素は時定数 T という一つの物理量（特徴量）で規定されましたが，2次遅れ要素は固有周波数 ω_n と減衰比 ζ という二つの物理量で規定されます。

　2次遅れ要素の具体的な例として，前述したバネ・マス・ダンパシステムを考えましょう。このシステムの伝達関数は，式 (4.12) に示したように，

$$G(s) = \frac{1}{ms^2 + cs + k} \tag{4.30}$$

で与えられ，分母の次数が $n = 2$ なので，**2次系**です。式 (4.29) の2次遅れ要素の標準形と対応づけるために，少し式変形してみましょう。

$$G(s) = \frac{1}{k} \frac{\dfrac{k}{m}}{s^2 + \dfrac{c}{m}s + \dfrac{k}{m}} \tag{4.31}$$

このように，バネ・マス・ダンパシステムは，比例要素 $1/k$ と2次遅れ要素の直列接続であることがわかります。2次遅れ要素の部分に着目し，式 (4.29) の標

---

[2] 正しくは「角周波数」なのですが，前述したように，本書では ω を単に「周波数」と呼びます。

[3] ギリシア語では，ω はオメガ，ζ はツェータと発音します。英語では，それぞれオミガ，ゼータと発音します。

準形と比較すると，

$$2\zeta\omega_n = \frac{c}{m}, \quad \omega_n^2 = \frac{k}{m}$$

が得られます。これより，固有周波数 ω_n と減衰比 ζ はそれぞれ

$$\omega_n = \sqrt{\frac{k}{m}}, \quad \zeta = \frac{c}{2\sqrt{km}} \tag{4.32}$$

になります。この固有周波数は，第 3 章の質点の運動で登場した固有周波数と同じものです。

つぎに，前述した RLC 直列回路を考えましょう。式 (4.5) より伝達関数を計算すると，

$$G(s) = \frac{1}{Ls^2 + Rs + \dfrac{1}{C}} = C\frac{\dfrac{1}{LC}}{s^2 + \dfrac{R}{L}s + \dfrac{1}{LC}} \tag{4.33}$$

が得られます。このように，RLC 直列回路は，比例要素 C と 2 次遅れ要素の直列接続であることがわかります。式 (4.29) の標準形と比較することにより，固有周波数 ω_n と減衰比 ζ は，それぞれ

$$\omega_n = \frac{1}{\sqrt{LC}}, \quad \zeta = \frac{R}{2}\sqrt{\frac{C}{L}} \tag{4.34}$$

になります。

ちょっと脱線しますが，電気回路では，直列共振回路の共振周波数 ω_n と Q 値は，それぞれ次式で定義されます。

$$\omega_n = \frac{1}{\sqrt{LC}}, \quad Q = \frac{1}{R}\sqrt{\frac{L}{C}} \tag{4.35}$$

Q 値が大きければ大きいほど共振特性のピークが鋭く，共振特性が良いとされています。この Q 値と減衰比 ζ の間には，つぎの関係式が成り立ちます。

$$Q = \frac{1}{2\zeta} \tag{4.36}$$

さて，本題に戻り，つぎに，2 次遅れ要素の極を求めてみましょう。2 次遅れ要素は 2 階微分方程式で記述されました。ラプラス変換することにより，その分

母多項式は 2 次多項式になりました。極を求めるためには，それを 0 とおいた 2 次方程式

$$s^2 + 2\zeta\omega_n s + \omega_n^2 = 0 \tag{4.37}$$

の根を求めればよいことになります。重要な物理現象は 2 階微分方程式で書かれることが多いとお話ししました。ラプラス領域では，それは 2 次方程式になります。

式 (4.37) を解くことにより，二つの極（α と β とします）は，つぎのようになります。

$$\alpha, \beta = -\left(\zeta \pm \sqrt{\zeta^2 - 1}\right)\omega_n \tag{4.38}$$

これより，二つの極は，減衰比 ζ の大きさによって表 4.2 のように場合分けできます。

この四つの場合の極配置を図 4.16 にまとめます。いずれの場合も，s 平面の虚軸より左側に極が存在しています。以下ではそれぞれの場合について見ていきましょう。

[1] 過制動（$\zeta > 1$）

この場合の極は相異なる 2 実根なので，図 4.16 (a) に示すように，二つの極は負の実軸上に存在します。そして，図 4.17 に示すように，二つの 1 次遅れ要素の直列接続に対応します。すなわち，

$$G(s) = \frac{1}{T_1 s + 1}\frac{1}{T_2 s + 1}$$

表 4.2　減衰比 ζ の大きさによる 2 次遅れ要素の場合分け

用　語	条　件	呼　称	極の値 α, β
[1] 過制動	$\zeta > 1$	相異なる 2 実根	$-\left(\zeta \pm \sqrt{\zeta^2 - 1}\right)\omega_n$
[2] 臨界制動	$\zeta = 1$	重根	$-\omega_n$
[3] 不足制動	$0 < \zeta < 1$	複素共役根	$-\left(\zeta \pm j\sqrt{1 - \zeta^2}\right)\omega_n$
[4] 持続振動	$\zeta = 0$	純虚根	$\pm j\omega_n$

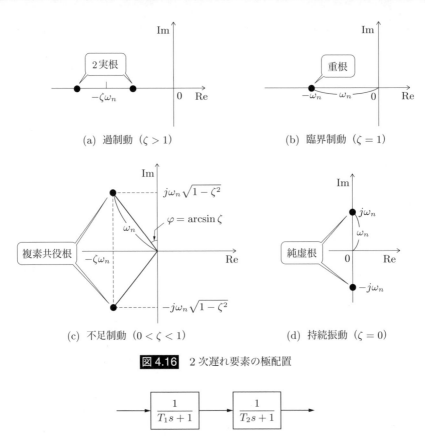

(a) 過制動（$\zeta > 1$）

(b) 臨界制動（$\zeta = 1$）

(c) 不足制動（$0 < \zeta < 1$）

(d) 持続振動（$\zeta = 0$）

図4.16 2次遅れ要素の極配置

図4.17 過制動の場合の2次遅れ要素は，二つの1次遅れ要素の直列接続

です。ここで，$T_1 = -1/\alpha$，$T_2 = -1/\beta$ とおきました。このときのステップ応答波形を図 4.18 (a) に示します。この図から，過制動の場合，ステップ応答波形は最終値である 1 を超えないことがわかります。過制動とは，「ブレーキ（制動）がかかり過ぎている」という意味です。

[2] 臨界制動（$\zeta = 1$）

　この場合の極は重根なので，図 4.16 (b) に示すように，負の実軸上に重なって存在します。そして，二つの同じ1次遅れ要素の直列接続に対応します。すなわち，

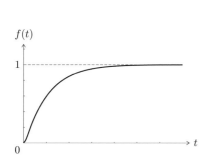

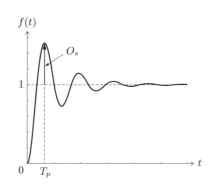

(a) 過制動（$\zeta > 1$）

(b) 不足制動（$0 < \zeta < 1$）

図 4.18 過制動と不足制動のステップ応答波形

$$G(s) = \left(\frac{1}{Ts+1}\right)^2$$

です。ここで，$T = 1/\omega_n$ とおきました。

[3] 不足制動（$0 < \zeta < 1$）

この場合の極は

$$\alpha, \beta = -\zeta\omega_n \pm j\omega_n\sqrt{1-\zeta^2}$$

で与えられる複素共役根です。

図 4.16 (c) に示すように，不足制動の場合，複素共役根になるので，それらは左半平面の第 2 象限と第 3 象限において，実軸に関して対称な位置に存在します。原点から極までの距離を計算すると，

$$\sqrt{(\zeta\omega_n)^2 + (1-\zeta^2)\omega_n^2} = \omega_n$$

となり，固有周波数と一致します。これまでもお話ししましたが，重要なので，もう一度強調しておきましょう。

Point 4.8 固有周波数 ω_n

原点から極までの距離は固有周波数 ω_n に一致します。これより，原点から遠い極ほど固有周波数は高く，応答が速くなります。

つぎに，虚軸と原点と極を結ぶ直線がなす角度を φ とすると，図 4.16 (c) より，

$$\sin \varphi = \frac{\zeta \omega_n}{\omega_n} = \zeta$$

なので，

$$\varphi = \arcsin \zeta \tag{4.39}$$

が得られます。ここで，arcsin は $\sin^{-1}$ と同じ意味，つまり sin の逆関数です。この関係より，極が虚軸に近いほど減衰比 ζ が小さくなり，減衰が悪くなることがわかります。

不足制動のときのステップ応答波形を図 4.18 (b) に示します。これまでのステップ応答と決定的に異なる点は，ステップ応答が最終値を超えることです。不足制動とは，ブレーキが足りないという意味なので，目標である 1 の値を行き過ぎて，また戻ってくる応答になるのです。図において，O_s は（最大）**オーバーシュート量**（行き過ぎ量）と呼ばれる，システムの減衰特性を表す特徴量です。また，（最大）オーバーシュート量に達した時間 T_p を（最大）**オーバーシュート時間**と呼びます。4.6.7 項で述べますが，$0 < \zeta < 0.707$ のときには，図に示したようにステップ応答波形が振動的な挙動を示します。

いくつかの減衰比 ζ の値とオーバーシュート量 O_s の関係を表 4.3 にまとめ

表 4.3 減衰比 ζ とオーバーシュート量 O_s の関係

減衰比 ζ	オーバーシュート量 O_s
0.4	0.25
0.6	0.1
0.707	0.05
1.0	0.0

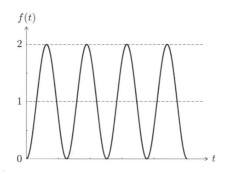

図 4.19　持続振動のステップ応答（$\zeta = 0$）

ます。表より，減衰比が小さくなると，減衰が悪くなり，オーバーシュート量が増加していくことがわかります。それでは，ζ が 0 になったらどうなるのでしょう。それがつぎの場合です。

[4] 持続振動（$\zeta = 0$）

　この場合の極は，図 4.16 (d) に示すように，虚軸（周波数軸）上の $\pm j\omega_n$ に存在する純虚根になります。減衰比が 0 ということは減衰させる能力がないという意味なので，振動し続けます。このときのステップ応答は，

$$f(t) = 1 - \cos \omega_n t, \quad t \geq 0$$

となります。この波形を図 4.19 に示します。これは前述した**単振動**の波形です。

　いくつかの減衰比 ζ の値に対する 2 次遅れ要素のステップ応答とインパルス応答を図 4.20 で比較しました。まず，ステップ応答の図 (a) を見ましょう。$\zeta = 0.2, 0.707$ のときは不足制動なので，ステップ応答波形が最終値である 1 を超えていることがわかります。$\zeta = 1$ の臨界制動のときは，1 を超えていません。それより ζ の値を大きくして $\zeta = 2$ とすると，これは過制動で，応答が遅くなっていることがわかります。以上より，減衰比を小さくすることによって，応答を速くできますが，ζ を 0.707 より小さくすると，振動的になることがわかります。制御工学を実システムに適用する場合，応答が振動的になることは好ましくないので，通常，$\zeta > 0.707$ に設定します。

　つぎに，インパルス応答の図 (b) を見てみましょう。この図からも，減衰比を

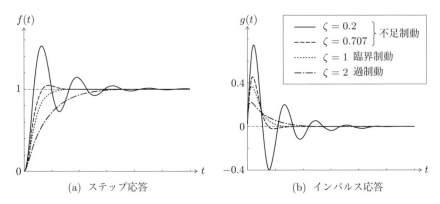

図 4.20　2 次遅れ要素のステップ応答とインパルス応答（$\zeta = 0.2, 0.707, 1, 2$ のとき）

小さくしすぎると応答が振動的になり，なかなか 0 に収束しないことがわかります。一方，減衰比を大きくしていくと，波形の立ち上がりの高さはだんだん低くなります。応答が 0 に近づく速さは，図示した波形では $\zeta = 0.707$ が最も良いようです。

さまざまな 1 次系と 2 次系の，s 平面における代表的な極配置とインパルス応答の関係を図 4.21 にまとめます。この図について詳しく説明しましょう。

負の実軸に極を持つ 1 次系（a），(b)：　伝達関数はそれぞれ

$$G_a(s) = \frac{1}{s + 10}, \quad G_b(s) = \frac{1}{s + 1}$$

となり，これを逆ラプラス変換することにより，図中のインパルス応答

$$g_a(t) = e^{-10t} u_s(t), \quad g_b(t) = e^{-t} u_s(t)$$

が得られます。図より，極の位置が原点から離れるにつれて，その応答は速く 0 に向かうことがわかります。

正の実軸に極を持つ 1 次系（g），(h)：　伝達関数は，それぞれ

$$G_g(s) = \frac{1}{s - 1}, \quad G_h(s) = \frac{1}{s - 2}$$

となり，これらより図中のインパルス応答

$$g_g(t) = e^{t} u_s(t), \quad g_h(t) = e^{2t} u_s(t)$$

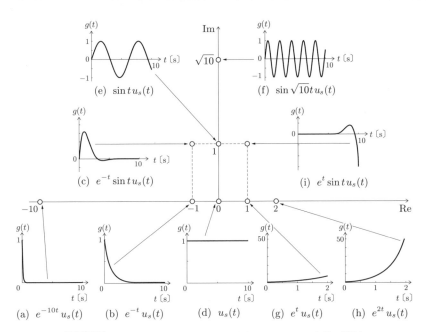

図 4.21 s 平面上のさまざまな極配置とインパルス応答の関係

が得られます。この場合のインパルス応答は発散しているので，これらのシステムは不安定であると言われます。この安定性については，第5章で詳しくお話しします。また，不安定極が原点から離れるにつれて，不安定性の度合いが高まり，あっという間に発散していくことがわかります。このことより，原点から遠い不安定極は制御が難しそうです。

原点に極が存在 (d)： 積分器 $1/s$ に対応し，そのときのインパルス応答は単位ステップ信号 $u_s(t)$ になります。すなわち，

$$g_d(t) = u_s(t)$$

です。このインパルス応答は発散はしていませんが，かといって 0 に収束していないので，ここでは「安定限界」であると呼びましょう（しかし，厳密に言うと不安定です）。

複素共役根を持つ 2 次系 (c), (i)： それぞれの伝達関数は，

$$G_c(s) = \frac{1}{(s+1)^2 + 1}, \quad G_i(s) = \frac{1}{(s-1)^2 + 1}$$

です。それらのインパルス応答は，ラプラス変換の s 領域推移の性質を用いると，つぎのようになります。

$$g_c(t) = e^{-t}\sin t\, u_s(t), \quad g_i(t) = e^t \sin t\, u_s(t)$$

(c) のインパルス応答は振動しながら 0 に収束しており，(i) のそれは振動しながら発散していることがわかります。

虚軸上に純虚根を持つ2次系（e）,（f）：　それぞれの伝達関数は

$$G_e(s) = \frac{1}{s^2+1}, \quad G_f(s) = \frac{\sqrt{10}}{s^2+10}$$

となり，これらより，図中のインパルス応答

$$g_e(t) = \sin t\, u_s(t), \quad g_f(t) = \sin\sqrt{10}\,t\, u_s(t)$$

が得られます。これらはともに**持続振動**です。ここでは，原点からの距離が遠いほど，正弦波の周波数が高くなっていることがわかります。

以上をまとめると，極の位置によってインパルス応答の波形が変わること，そして，極が s 平面の**左半平面**に存在するとインパルス応答は 0 に収束し，右半平面に存在すると発散することが，図からわかりました。前者は安定，後者は不安定といい，これらについては，続く第5章で詳しく説明します。

4.4.7　むだ時間要素

システムに入力 $u(t)$ を加え，時間 τ だけ遅れて出力 $y(t)$ が生じるとき，すなわち，

$$y(t) = u(t-\tau) \tag{4.40}$$

のとき，τ を**むだ時間**と呼び，このような要素を**むだ時間要素**といいます。ラプラス変換の時間軸推移の性質を用いると，むだ時間要素の伝達関数は，

$$G(s) = e^{-\tau s} \tag{4.41}$$

となります。

$s=0$ のまわりで式 (4.41) の $e^{-\tau s}$ をテイラー級数展開すると，

$$e^{-\tau s} = 1 - \tau s + \frac{1}{2!}(\tau s)^2 - \cdots \tag{4.42}$$

となります。これまでの伝達関数は分数で表されていましたが，むだ時間要素は規則性のない無限級数になってしまい，その取り扱いはかなり厄介です。つまり，これまでの伝達関数は，22/7 のように分数で表すことができる有理数だったのに対しむだ時間は π のような無理数に対応します。

4.5 周波数領域における線形システムの表現：周波数伝達関数

線形システムを時間領域において記述する出発点は，システムにインパルス信号を入力してインパルス応答を手に入れることでした。周波数領域において線形システムを記述するときには，正弦波信号をシステムに印加して，その応答（「周波数応答」といいます）を手に入れることが出発点になります。本節では，線形システムを周波数領域において記述する周波数伝達関数について勉強しましょう。

4.5.1 周波数特性

まず，線形性と正弦波の間の関係を示す，工学の基本となる重要な原理を書いておきます。

Point 4.9 周波数応答の原理

線形システムに周波数 ω の正弦波 $u(t) = \sin\omega t$ を入力すると，定常状態における出力は次式で与えられます。

$$y(t) = |G(j\omega)| \sin(\omega t + \varphi(\omega)) \tag{4.43}$$

原理なので素っ気ないですね。この原理の意味を，もう少し具体的に示しましょう。

Point 4.10 周波数応答の原理の，より具体的な意味

(1) 線形システムに周波数 ω の正弦波を入力すると，同じ周波数の正弦波し

か出力されません。すなわち，線形システムでは入力と同じ周波数成分
しか出力されません。

(2) 入力した正弦波の振幅は 1 で，位相は 0 でしたが，出力正弦波の振幅は
$|G(j\omega)|$ に，位相は $\varphi(\omega) = \angle G(j\omega)$ に変化しています。すなわち，正
弦波の周波数 ω によって，振幅の倍率と位相が変化します。前者を「振
幅特性」，後者を「位相特性」といい，両者を合わせて**周波数特性**といい
ます。

　図 4.22 を用いて周波数応答の原理について説明しましょう。図では，入力
と出力の正弦波の周期 T，すなわち周波数 $\omega = 2\pi/T$ が同じであることを示
しています。一方，入力の振幅は 1 ですが，出力の振幅は $|G(j\omega)|$ に変化して
います。また，入力では $t = 0$ で正弦波がスタートしていますが，出力では
$\omega t + \varphi(\omega) = 0$，すなわち $t = -\varphi(\omega)/\omega$ が正弦波の起点に変わっています。こ
れが位相の変化であり，この図は位相が遅れている例を示しています。

　この周波数応答の原理は，制御工学以外のさまざまな分野で応用されていま
す。普通「周波数特性」と言うと，電気回路のフィルタや，信号処理のディジタ
ルフィルタ，あるいはスピーカーなどのオーディオを思い浮かべるかもしませ
ん。制御工学は，このような電気的なフィルタとも密接に関係しています。

　線形でないシステム，すなわち非線形システムに，ある周波数の正弦波を入力

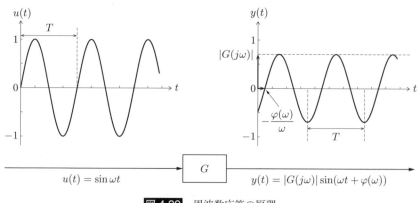

図 4.22　周波数応答の原理

すると，入力した周波数以外の正弦波も出力されます。たとえば，$y(t) = u^2(t)$ という 2 次の非線形性を持つ静的システムに $u(t) = \sin \omega t$ を入力すると，

$$y(t) = u^2(t) = \sin^2 \omega t = \frac{1}{2}(1 - \cos 2\omega t)$$

となり，入力した周波数の 2 倍の 2ω の周波数成分と，直流成分 0.5 が出力されます。さらに，$y(t) = u^3(t)$ という 3 次の非線形性を持つ静的システムに $u(t) = \sin \omega t$ を入力すると，

$$y(t) = u^3(t) = \sin^3 \omega t = \frac{1}{4}(3 \sin \omega t - \sin 3\omega t)$$

となり，入力した周波数 ω とその 3 倍の周波数 3ω が出力されます。高等学校で学んだ三角関数の倍角の公式や 3 倍角の公式が役に立ちました。周波数領域で信号やシステムを記述したり解析したりするときの基本は，三角関数（さらにはその上位概念であるフーリエ解析）であることを認識しておいてください。三角関数の勉強は決してむだではなかったのです。

さて，周波数応答の原理では，式 (4.43) で登場した $G(j\omega)$ が主役です。これは**周波数伝達関数**と呼ばれます。線形システムの伝達関数 $G(s)$ がわかっているときには，この式に $s = j\omega$ を代入すれば $G(j\omega)$ が得られます。たとえば，1 次遅れ要素の伝達関数の場合，

$$G(s) = \frac{1}{s+1}$$

とすると，その周波数伝達関数は，つぎのように簡単に得られます。

$$G(j\omega) = \frac{1}{j\omega + 1} \tag{4.44}$$

この 1 次遅れ要素を使って，周波数応答の原理についての理解を深めましょう。入力信号として，三つの異なる周波数の正弦波 $\sin 0.1t$, $\sin t$, $\sin 10t$ を準備し，それらを別々にこのシステムに入力したときの，二つの時間スケール（$0 \le t \le 100$ および $0 \le t \le 10$）における出力を，図 4.23 に示します。

三つの周波数のうち最も低い $\omega = 0.1$ rad/s のときには，図 4.23 (a), (b) それぞれの (1) より，入力正弦波と出力正弦波の波形がほぼ一致していることがわかります。つぎに，$\omega = 1$ rad/s のときは，(a), (b) の (2) より，出力振幅は入

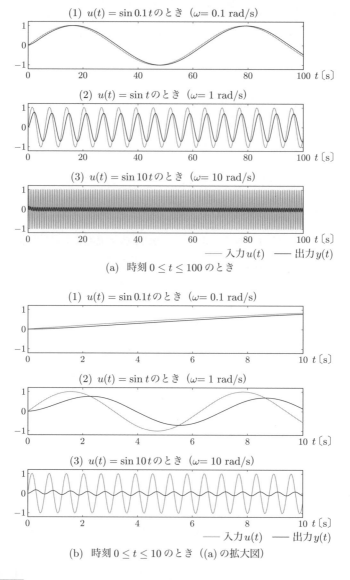

(a) 時刻 $0 \leq t \leq 100$ のとき

(b) 時刻 $0 \leq t \leq 10$ のとき ((a) の拡大図)

図 4.23 異なる周波数の正弦波入力 $u(t)$ に対する 1 次遅れ要素の出力波形 $y(t)$

力振幅よりもやや小さくなっており，少し時間遅れ（これを「位相遅れ」といい
ます）があることがわかります。最後に，$\omega = 10$ rad/s のときは，(a), (b) の

(3) より，出力振幅は入力振幅よりも大幅に小さくなっており，時間遅れがあることがわかります。

以上より，この1次遅れ要素は，$\omega = 1$ rad/s よりも低い周波数の正弦波は通過させますが，それ以上の周波数は阻止する働きを持つこと，また，低い周波数では位相遅れが少なく，高い周波数では位相遅れが大きいことが類推できます。これより，1次遅れ要素は**低域通過フィルタ**（low-pass filter; LPF）であると言えそうです。このことを示すために，数式を用いて説明を続けましょう。

そこで，式 (4.44) で与えた1次遅れ要素の周波数伝達関数

$$G(j\omega) = \frac{1}{j\omega + 1} \tag{4.45}$$

の振幅特性と位相特性を計算してみましょう。式 (4.45) では分母に虚数単位 j があるので，有理化しましょう。

$$G(j\omega) = \frac{1 - j\omega}{(1 + j\omega)(1 - j\omega)} = \frac{1 - j\omega}{1 + \omega^2} = \frac{1}{1 + \omega^2} - j\frac{\omega}{1 + \omega^2} \tag{4.46}$$

このように直交座標系で表現できたので，複素平面上にプロットしたものを図 4.24 (a) に示します。周波数 ω が正の範囲（$0 \leq \omega < \infty$）では，式 (4.46) より，実部は必ず正で，虚部は必ず負になります。そのため，図のように $G(j\omega)$ は必ず第4象限に存在します。この図において，原点から $G(j\omega)$ までの距離 $|G(j\omega)|$ を**振幅特性**，正の実軸となす角度 $\varphi(\omega)$ を**位相特性**と呼びます。なお，

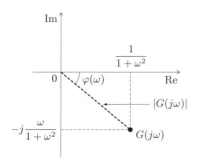

(a) ある周波数 ω に対する $G(j\omega)$

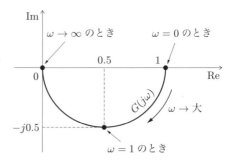

(b) 周波数を 0 から ∞ まで変化させたときの $G(j\omega)$ の軌跡

図 4.24 1次遅れ要素の周波数伝達関数 $G(j\omega)$

正の実軸上に $G(j\omega)$ が存在するとき位相は $0°$ で，角度は反時計回りが正の方向です。そのため，この図における位相の符号はマイナスとなり，この場合，位相は遅れます。

まず，式 (4.46) から振幅特性を計算すると，

$$|G(j\omega)| = \sqrt{\left(\frac{1}{1+\omega^2}\right)^2 + \left(-\frac{\omega}{1+\omega^2}\right)^2} = \frac{1}{\sqrt{1+\omega^2}} \tag{4.47}$$

となります。この式のままだと，振幅特性の意味を理解することが難しいですが，現時点でわかることは，振幅特性は周波数 ω の増加とともに単調に減少する関数である，ということです。これは 1 次遅れ要素が低域通過フィルタであることを示唆しています。

つぎに，位相特性について説明しましょう。図 4.24 (a) から

$$\tan\varphi(\omega) = \frac{-\dfrac{\omega}{1+\omega^2}}{\dfrac{1}{1+\omega^2}} = -\omega$$

が成り立つので，これより，位相特性は次式で与えられます。

$$\varphi(\omega) = \arctan(-\omega) = -\arctan\omega \tag{4.48}$$

この式から，周波数 ω が 0 から増加するにつれて，位相は単調に遅れ，$\omega \to \infty$ のとき，位相は $-90°$ になることがわかります。「1 次遅れ要素」の「遅れ」とは，位相が遅れることを意味していたのです。

図 4.24 (b) は，周波数 ω を 0 から ∞ まで増加させたときの $G(j\omega)$ の軌跡をプロットしたものです。これは，$\omega = 0$ のときの実軸上の 1 から出発して，$\omega \to \infty$ のとき原点に向かう半円になります。途中の $\omega = 1$ のとき，半円の真ん中にいます。このようなプロットを「ナイキスト線図」あるいは「ベクトル軌跡」といいます，これについては 4.5.4 項で説明します。

このように，線形システムを周波数領域で周波数伝達関数を用いて表現すると，システムの振幅特性と位相特性により，物理的かつ明確に対象を特徴づけることができます。このような表現は，電気電子通信系の読者にはなじみ深いものでしょう。

制御工学における「周波数の重要性」をつぎのポイントにまとめます。

Point 4.11 制御工学における周波数の重要性

線形システムを扱う際に**周波数**という物理量を用いることができることは，制御理論の大きな利点です。

これまでの議論をコラム 4.2 にまとめます。

コラム 4.2 線形システムの特徴づけ

線形システムは，三つの領域でつぎのように特徴づけられます。

時間領域：重ね合わせの理
- 線形システムの入出力関係を，たたみ込み積分を用いて記述します。
- インパルス応答，ステップ応答などは，電気回路の直流回路に対応します。

ラプラス領域：伝達関数
- 線形システムの入出力関係を，伝達関数を用いて乗算で記述します。
- ブロック線図表現に適しています。

周波数領域：周波数応答の原理
- 線形システムの入出力関係を，周波数特性を用いて記述します。
- 正弦波応答は，電気回路の交流回路に対応します。

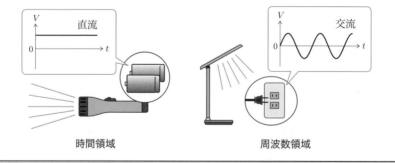

時間領域 　　　　　　　　　　周波数領域

さて，近年，精力的に研究開発されている人工知能（AI）では，機械学習と強化学習が主要な研究分野です。機械学習では対象のモデルを構築して，未知の入力に対する出力を予測するモデルを構築することが目的であり，強化学習では，対象を思い通りに動かす，すなわち制御する仕組みを作ることが目的です。この

ように，機械学習や強化学習は，本書で学んでいる制御工学と非常に近い研究分野と言ってよいでしょう。しかし，AI が相手にしている対象は，非線形性の強い静的システムであり，主に線形動的システムを扱う制御工学と大きく異なります。

そこで，制御と AI についての私見をコラム 4.3 にまとめておきます。

コラム 4.3　制御工学と AI の近くて遠い関係

線形システムを対象とした制御理論では，現実世界である時間領域だけでなく，仮想世界である周波数領域とラプラス領域で，制御の問題をモデリング，アナリシス，デザインできます。すなわち，さまざまな角度から問題を考えることができます。特に，周波数領域で問題を議論できることは制御工学の大きな利点です。

それに対して，AI では複雑な非線形システムを対象としているため，一般には「周波数」の考え方を利用することができません。そのため，「時間」あるいは「空間」などといった現実世界で問題を考えざるをえません。

本書の執筆時点では，制御工学と AI の融合を図る研究は始まったばかりです。そのため，今後は両者の長所を融合した「新しい制御」に関する研究が，より重要になっていくでしょう。

4.5.2　周波数伝達関数の定義

線形システムの出力 $y(t)$ は，入力 $u(t)$ とインパルス応答 $g(t)$ のたたみ込み積分で次式のように計算できました。

$$y(t) = \int_0^t g(\tau)u(t-\tau)\mathrm{d}\tau \tag{4.49}$$

この式の両辺を**フーリエ変換**すると，次式が得られます。

$$y(j\omega) = G(j\omega)u(j\omega) \tag{4.50}$$

ここで，$u(j\omega)$ と $y(j\omega)$ は次式で定義される，入出力信号のフーリエ変換です。

$$u(j\omega) = \int_0^\infty u(t)e^{-j\omega t}\mathrm{d}t, \quad y(j\omega) = \int_0^\infty y(t)e^{-j\omega t}\mathrm{d}t \tag{4.51}$$

このとき，つぎの結果が得られます。

Point 4.12 インパルス応答と周波数伝達関数

線形システムのインパルス応答 $g(t)$ をフーリエ変換して得られた $G(j\omega)$，すなわち

$$G(j\omega) = \int_0^\infty g(t)e^{-j\omega t}\mathrm{d}t \tag{4.52}$$

を周波数伝達関数と呼びます。このように，$g(t)$ と $G(j\omega)$ はフーリエ変換対です。

さて，ラプラス変換の公式は，

$$G(s) = \int_0^\infty g(t)e^{-st}\mathrm{d}t$$

でした。ここで，$s = \sigma + j\omega$ なので，以下のことが言えます。

Point 4.13 フーリエ変換とラプラス変換の関係

フーリエ変換は $s = j\omega$ とおいたときのラプラス変換，すなわち s 平面の虚軸上のラプラス変換と見なせます。

また，式 (4.50) から，

$$G(j\omega) = \frac{y(j\omega)}{u(j\omega)} \tag{4.53}$$

が得られます。ラプラス変換を用いて伝達関数を導出したときと同じように，周波数伝達関数は入出力信号のフーリエ変換の比でもあります。

ここまでに学習した線形システムのさまざまな領域における表現とその関係を図 4.25 に示します。制御工学は，ラプラス変換やフーリエ変換といった数学の存在によって発展してきました。

図 4.25 では，伝達関数から周波数伝達関数への矢印がありますが，その逆はありません。その理由を説明しましょう。これまで用いた 1 次遅れ要素の場合，伝達関数と周波数伝達関数の関係は，

$$G(s) = \frac{1}{s+1} \quad \longleftrightarrow \quad G(j\omega) = \frac{1}{j\omega+1}$$

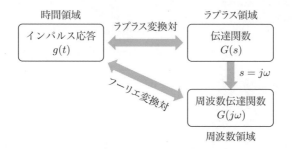

図 4.25　時間領域，ラプラス領域，周波数領域における線形システムの表現

のように明確でした。それに対し，2次遅れ要素

$$G(s) = \frac{1}{s^2 + s + 1}$$

の場合には，

$$G(j\omega) = \frac{1}{(j\omega)^2 + j\omega + 1} = \frac{1}{(1 - \omega^2) + j\omega}$$

となってしまい，周波数伝達関数 $G(j\omega)$ からもとの伝達関数 $G(s)$ の形を推理することは難しくなります。別の言い方をすると，伝達関数の場合には「次数」という概念があったので，1次系，2次系と区別できたのですが，周波数伝達関数の場合には，次数という概念がなくなってしまうのです。これを専門用語を使って表すと，周波数伝達関数は**ノンパラメトリックモデル**である，といいます。ノンパラメトリックとは，もともとは統計学の用語で，伝達関数の次数，時定数，減衰比，固有周波数などのような少数個のパラメータではモデルが特徴づけられないことを意味します。そのため，モデルはグラフによって表されます。このように，周波数伝達関数を表す最良の方法は，そのグラフを描くことです。

　周波数伝達関数 $G(j\omega)$ を表現する代表的なグラフは，AT&T のベル研究所の同僚だったボードとナイキストによる，ボード線図とナイキスト線図です。計算機が手軽に利用できる現在では，どちらの図も計算機に描いてもらえばよいのですが，制御工学を理解するためには，それらの描き方と読み方を学んでおくべきです。特に，ボード線図は，手計算でそのグラフが描けるので，その描き方を知っておいて損はないでしょう。

図 4.25 の矢印の問題に戻ると，本書の範囲を超えてしまいますが，周波数伝達関数の図から伝達関数を求めるさまざまな方法が提案されており，その中で有名なものは**カーブフィッティング**（curve fitting; 曲線適合）でしょう。特に，機械振動システムの分野で実験モード解析として知られていますが，説明はこのくらいにしましょう。

4.5.3 ボード線図

周波数伝達関数 $G(j\omega)$ は周波数 ω の複素関数なので，周波数 ω の関数である振幅 $|G(j\omega)|$ と位相 $\angle G(j\omega)$ を持つことをお話ししました。すなわち，周波数伝達関数は

$$G(j\omega) = |G(j\omega)|e^{j\angle G(j\omega)} \tag{4.54}$$

のように**極座標表現**できます。この振幅と位相をつぎの 2 枚のグラフにしたものが**ボード線図**です。

- ゲイン特性：$g(\omega) = 20\log_{10}|G(j\omega)|$〔dB〕
- 位相特性：$\varphi(\omega) = \angle G(j\omega)$〔°〕

ここで，振幅特性はデシベルを使って表し，**ゲイン特性**と呼ばれます。

ボード線図の一例を図 4.26 に示します。二つの図をそれぞれゲイン特性（**ゲイン線図**），位相特性（**位相線図**）と呼びます。どちらも横軸は周波数 ω〔rad/s〕で，対数表示であることに注意してください。横軸の 10 倍の範囲を 1 **デカード**（decade）といいます。ゲイン線図の縦軸はゲイン〔dB〕です。第 3 章で述べたように，0 dB が 1 倍で，1 倍より大きい倍率は正のデシベル値，1 倍より小さい倍率は負のデシベル値で表示されます。そして，縦軸は 20 dB 刻みで目盛りが振られています。ゲイン線図は両対数グラフであることに注意しましょう。一方，位相線図の縦軸は位相〔°〕です。数学では，位相の単位はラジアン〔rad〕なのですが，制御工学では伝統的に〔°〕(deg) が用いられています[4]。位相線図は片対数グラフです。

[4) 制御屋さんは「位相が 180° 遅れる」という表現をし，「位相が π 遅れる」という言い方はあまりしません。周波数を rad/s で表現しているのに，位相を〔°〕(deg) で表現することは，数学屋さんには怒られてしまいますが，これも制御の方言です。

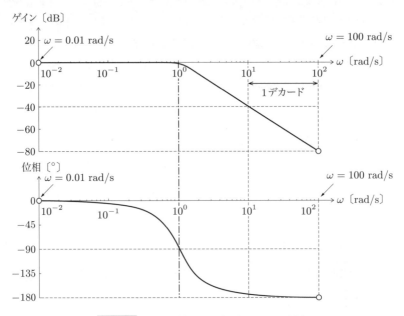

図 4.26 ボード線図の一例（2 次遅れ要素）

　つぎは，図 4.26 のボード線図の見方を説明します。まず，ゲイン線図より，周波数 1 rad/s までのゲインは 0 dB，すなわち 1 倍なので，その周波数までの正弦波は通過させますが，それ以上の周波数では，ゲインが減少するため通しにくいことがわかります。これは，**低域通過フィルタ**であることを意味しています。つぎに，位相線図より，低い周波数では位相はほとんど 0° ですが，$\omega = 1$ rad/s では 90° 遅れ，高周波数では 180° 遅れていることがわかります。これより，遅れ系であることがわかります。

　ボード線図の使い方についても説明しましょう。たとえば，図 4.26 の周波数特性を持つ線形システムに，正弦波入力

$$u_1(t) = \sin 0.01t$$

を入力したときを考えます。図 4.26 で $\omega = 0.01$ rad/s のところのゲインと位相を読み取ると，ゲインは約 0 dB，位相は約 0° です。したがって，このときの出力は

$$y_1(t) \approx \sin 0.01t$$

であることが，ボード線図からわかります。これより，$\omega = 0.01$ rad/s の正弦波をこのシステムに印加すると，対応する出力はほぼ同じ波形になることがわかります。

つぎに，正弦波入力

$$u_2(t) = \sin 100t$$

を入力したときは，$\omega = 100$ rad/s のところのゲインは -80 dB，位相は約 $-180°$ なので，出力は

$$y_2(t) \approx 10^{-4} \sin(100t - 180°)$$

になります。この場合，$\omega = 100$ rad/s の正弦波をこのシステムはほとんど通さないことがわかります。

4.5.4 ナイキスト線図

すでに図 4.24 (b) で少し触れましたが，複素平面上に周波数伝達関数 $G(j\omega)$ をプロットし，その周波数 ω を 0 から ∞ まで（あるいは $-\infty$ から ∞ まで）変化させたときの軌跡を**ナイキスト線図**といいます。ボード線図は 2 枚のグラフでしたが，ナイキスト線図は 1 枚です。図 4.27 にナイキスト線図の一例を示します。図では，$\omega = 0$ から $\omega = \infty$ まで周波数を変化させたときの軌跡を示しています。

電気回路でインピーダンス特性を描く方法に**ベクトル軌跡**があり，電気化学で電池のインピーダンス特性を描く方法にコールコールプロット（Cole-Cole plot）

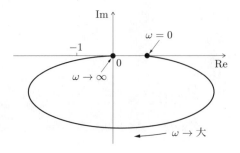

図 4.27 ナイキスト線図の一例

コラム 4.4　ブラック，ナイキスト，ボード，シャノン：ベル研の偉人たち

　周波数伝達関数の図に名前が残るハリー・ナイキスト（Harry Nyquist，1889〜1976）とヘンドリック・W・ボード（Hendrick W. Bode，1905〜1982）は AT&T ベル研究所に所属した同僚でした。

　同時期にベル研に所属していたハロルド・S・ブラック（Harold S. Black，1898〜1983）が発明した負帰還増幅器（2.7 節参照）では，フィードバックゲインの大きさによってはシステムが不安定になる場合がありました。周波数領域のおける安定判別法の必要性を感じて，ナイキストは 1932 年に出版した "Regeneration Theory"（帰還理論）という論文の中で，周波数領域におけるフィードバックシステムの安定性を定義し，複素関数論のコーシーの結果を用いて，図的な安定判別法を提案しました。これが本書の第 5 章で述べるナイキストの安定判別法です。さらに，ナイキストは，ディジタル信号処理の基礎である**サンプリング定理**の存在を 1928 年に予想し，1949年に同じベル研のクロード・E・シャノン（Claude E. Shannon，1916〜2001），さらに同じ年に染谷勲（1915〜2007）（p.93，コラム 4.5 参照）が独立に証明しました。そのため，サンプリングの際に登場するナイキスト周波数としても彼の名前が残っています。

　ナイキストに続いて，1940 年代にボードにより「ボードの定理」が発表されました。彼は周波数伝達関数を周波数の関数としてグラフ化したボード線図も考案しました。ボード線図は手計算で作図することができ，安定性の度合いを図から読み取れるため，計算機が存在しなかった時代に理論と実際の橋渡しをした重要な研究でした。ボードの研究成果は，1945 年に出版された著書『*Network analysis and feedback amplifier design*（ネットワーク解析とフィードバック増幅器設計）』にまとめられています。

　このように，20 世紀前半には，主にベル研の電気通信工学者によって周波数領域におけるフィードバック制御システムの解析法が開発され，これは 1940〜50 年代に花開く「周波数領域における制御システム設計法」に引き継がれていきました。

ブラック	ナイキスト	ボード	シャノン
(Wikipedia / Fair use)	(Wikipedia / Fair use)	(不明 / Public domain)	(不明 / Public domain)

| コラム 4.5 | 染谷勲と波形伝送 |

ナイキストが予想したサンプリング定理（標本化定理とも呼ばれます）の証明は，1949 年に米国と日本でほぼ同時に，そして独立になされました。日本で証明した人が染谷勲博士（日本電信電話公社，NTT の前身です）で，その結果は『波形伝送』（修教社，1949）という著書にまとめられ，1949 年 1 月 1 日に出版されました。米国で証明したシャノンの成果は科学技術の世界の公用語である英語で書かれたため，シャノンのサンプリング定理として歴史に残りました。

 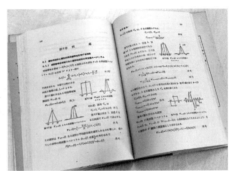

『波形伝送』（著者の本の読者がリタイアされるときに著者に託してくださった，とても貴重な本です）

がありますが，いずれもナイキスト線図と同じ考えです。これらも前述した「理系方言問題」の一例です。ちなみに，コールコールプロットでは，縦軸の虚軸にマイナスをつけて表示します。すなわち，複素平面の上半分と下半分が入れ替わります。われわれが扱う物理化学的なシステムは基本的に位相が遅れるので，図 4.27 のナイキスト線図のように，第 4 象限から第 3 象限に向かう順番で軌跡が描かれ，主に図の下半分が使われます。それに対して，コールコールプロットでは縦軸の虚軸にマイナスをつけるため，第 4 象限が第 1 象限に，第 3 象限が第 2 象限に対応し，図の上半分が利用され，グラフとして見やすくなります。

4.6 基本要素の周波数伝達関数

4.6.1 比例要素

$G(s) = K$ の周波数伝達関数は $G(j\omega) = K$ です。このボード線図を図 4.28

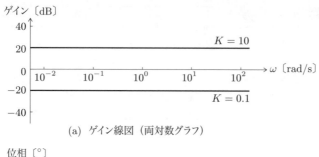

(a) ゲイン線図（両対数グラフ）

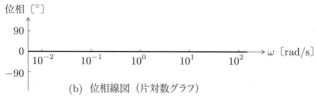

(b) 位相線図（片対数グラフ）

図 4.28 比例要素のボード線図（$K = 10$ と $K = 0.1$ のとき）

に示します。図では，$K = 10$ のときと $K = 0.1$ のときの二つのケースを描いています。ゲイン特性は $g(\omega) = 20\log_{10} K$ なので，$K = 10$ を代入すると $g(\omega) = 20$ dB，$K = 0.1$ を代入すると $g(\omega) = -20$ dB となります。比例要素は実数値なので，位相はどちらの場合も $0°$ です。比例要素はダイナミクスを持たないため，すべての周波数に対して同じ特性を持ちます。

4.6.2 微分要素

微分要素 $G(s) = Ts$ の周波数伝達関数は

$$G(j\omega) = j\omega T \tag{4.55}$$

となり，このゲイン特性 $g(\omega)$，位相特性 $\varphi(\omega)$ は，それぞれ

$$g(\omega) = 20\log_{10}\omega T \,〔\text{dB}〕 \tag{4.56}$$
$$\varphi(\omega) = 90° \tag{4.57}$$

となります。微分要素のボード線図を図 4.29 に示します。

まず，ゲイン線図について考えましょう。図の横軸は ωT であり，それを底が 10 の常用対数目盛でプロットしています。式 (4.56) において，$x = \log_{10}\omega T$ とおくと，ゲイン特性は

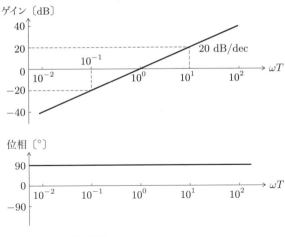

図 4.29　微分要素のボード線図

$$g(x) = 20x$$

となり，これは傾きが 20 の直線の方程式を表します。このときの傾き 20 は，横軸を 10 倍したときに縦軸が 20 デシベル増加することを表しているので，その単位を〔dB/dec〕と書きます（デシベル・パー・デカードと読みます）。ここで，dec は 10 倍を表す decade の省略形です。微分要素の場合の傾きは 20 dB/dec になります。横軸を ωT と規格化したので，この直線が横軸（0 dB のライン）と交差するのは，$\omega T = 1$ のときです。横軸を通常の ω〔rad/s〕とした場合には，$\omega = 1/T$ のところで 0 dB のラインと交差します。これがゲイン線図の意味です。

　一方，微分要素の周波数伝達関数は，実部がなく，虚部 j だけなので，位相は常に 90° 進んでいます。それを描いたのが位相線図です。

　図 4.29 のボード線図より，微分要素は高域通過特性を持つ**高域通過フィルタ**であり，**位相進み要素**であることがわかります。ゲイン線図より，周波数が高くなるにつれてゲインは増加し，$\omega \to \infty$ のときゲインは ∞ に向かいます。このような仕組みは物理的に実現できないので，前述した「微分器はインプロパーである」という表現をします。

4.6.3　積分要素

積分要素 $G(s) = 1/(Ts)$ の周波数伝達関数は，

$$G(j\omega) = -j\frac{1}{\omega T} \tag{4.58}$$

となり，このゲイン特性 $g(\omega)$，位相特性 $\varphi(\omega)$ は，それぞれ

$$g(\omega) = -20\log_{10}\omega T \;\text{〔dB〕}, \quad \varphi(\omega) = -90°$$

となります。積分要素のボード線図を図 4.30 に示します。微分要素と逆に，ゲインの傾きは $-20\,\text{dB/dec}$ であり，位相は常に 90° 遅れています。

図 4.30 のボード線図より，積分要素は低域通過特性を持つ**低域通過フィルタ**であり，**位相遅れ要素**であることがわかります。ボード線図の横軸は周波数を表しており，対数表示されています。そのため，いくら左に行っても決して $\omega = 0$ にならないことに注意しましょう。積分要素のゲイン線図を見ると，周波数が低くなるにつれてゲインが上昇しています。そして，$\omega = 0$ のときゲインは ∞ に向かいます。無限大のゲインを実現できるか不安になりますが，これは過去の値を積分する操作に対応するので，微分要素のときとは違って物理的に実現できます。

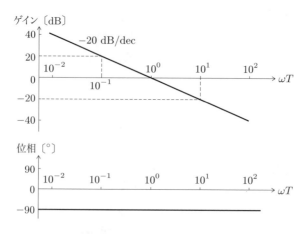

図 4.30　積分要素のボード線図

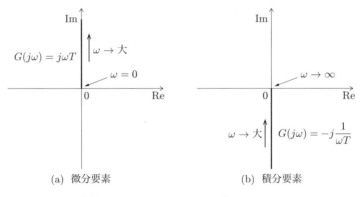

図 4.31 微分要素と積分要素のナイキスト線図

微分と積分は逆の演算なので，ボード線図においても，ゲイン線図，位相線図ともに両者は横軸に対して対称の関係です。

微分要素と積分要素のナイキスト線図を図 4.31 に示します。微分要素は，$\omega = 0$ のとき，その周波数伝達関数は原点に存在し，周波数が増加するに従って正の虚軸（位相が $90°$）を上に向かって進んでいきます。一方，積分要素は，$\omega = 0$ のとき，その周波数伝達関数は負の虚軸（位相が $-90°$）の $-\infty$ に存在し，周波数が増加するに従って原点に向かっていきます。

4.6.4　1 次遅れ要素

1 次遅れ要素

$$G(s) = \frac{1}{Ts + 1}$$

の周波数伝達関数は次式で与えられます。

$$G(j\omega) = \frac{1}{1 + j\omega T} \tag{4.59}$$

この式を有理化すると，

$$G(j\omega) = \frac{1}{1 + (\omega T)^2} - j\frac{\omega T}{1 + (\omega T)^2} \tag{4.60}$$

となります。これより，ゲイン特性と位相特性はつぎのようになります。

$$g(\omega) = 20 \log_{10} |G(j\omega)| = 20 \log_{10} \frac{1}{\sqrt{1 + (\omega T)^2}} \tag{4.61}$$

$$\varphi(\omega) = -\arctan(\omega T) \tag{4.62}$$

微分要素，積分要素と異なり，これらの式は複雑な形をしています。そこで，**折線近似法**と呼ばれるボード線図の簡便な描き方を紹介しましょう。

折線近似法では，ωT の大きさにより，つぎのように三つに場合分けします。

(a) $\omega T \ll 1$ のとき，$g(\omega) \approx 0$〔dB〕，　　　　　　　　$\varphi(\omega) \approx 0°$

(b) $\omega T = 1$ のとき，$g(\omega) = 20 \log_{10} 1/\sqrt{2} \approx -3$〔dB〕，$\varphi(\omega) = -45°$

(c) $\omega T \gg 1$ のとき，$g(\omega) \approx -20 \log_{10} \omega T$〔dB〕，　　$\varphi(\omega) \approx -90°$

(a) より，$\omega T \ll 1$ の範囲では $g(\omega)$ を 0 dB/dec の傾きの直線で近似します。これは $K = 1$ の比例要素に対応します。(c) より，$\omega T \gg 1$ のときには -20 dB/dec の傾きの直線で近似します。これは $1/(Ts)$ の積分要素に対応します。このように，2 本の直線によって 1 次遅れ要素のゲイン特性を簡単に描くことができます。(b) の $\omega T = 1$ のときは，ゲインと位相を正確に計算することができるので，この点においては近似はしていません。このときの周波数 $\omega = 1/T$ を**折点周波数**といいます。折点周波数においてゲインの近似誤差が最大になりますが，その値は約 -3 dB です（これは $1/\sqrt{2} \approx 0.707$ のデシベル表示の絶対値を取ったものです）。今後，-3 dB あるいは 0.707 という数字がよく出てくるので，覚えておいてください。折線近似法により描いた 1 次遅れ要素のゲイン線図を図 4.32 に実線で示します。図中に 1 次遅れ要素の正確なゲイン特性を破線で描きました。折線近似法でゲイン特性はほぼ正確に作図できることがわかるでしょう。

一方，位相特性に関してわかっていることは，低い周波数では $0°$，$\omega T = 1$ のとき $-45°$，高い周波数では $-90°$ となることなので，それらを滑らかな線で結んで描くしか方法はありません。位相線図では正確な値を破線で示しました。

もう一つ，前述の場合分けで押さえておきたいことは，ゲインが 0 dB/dec で一定である低域では，位相は $0°$ であり，ゲインが -20 dB/dec で一定である高域では，位相は $-90°$ であることです。$\omega T = 1$ の中域では，ゲインの傾きが変化しているので，そこでは，位相も同じように $0°$ から $-90°$ に変化しています。このように，ゲインの傾きと位相の遅れとは何らかの関係がありそうだな，とい

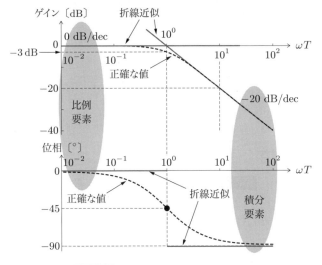

図 4.32 1 次遅れ要素のボード線図

うことをここでは気に留めておいてください。

　ここまでは，ボード線図の横軸を ωT としてきましたが，本来は，周波数 ω 〔rad/s〕ですので，横軸を T で割る必要があります。この様子を図 4.33 に示します。1 次遅れ要素のボード線図を描くときには，時定数 T の逆数を $\omega_c = 1/T$ とし，その周波数を**折点周波数**として，折線近似法でゲイン線図を描くことになります。

　ボード線図のゲイン特性から明らかなように，1 次遅れ要素は**低域通過フィルタ**です。このとき，ω_c は**カットオフ周波数**，あるいは**バンド幅**とも呼ばれます。

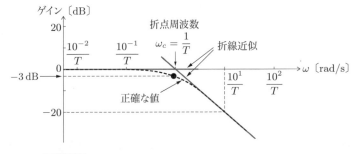

図 4.33 横軸を周波数〔rad/s〕とした本来のゲイン線図

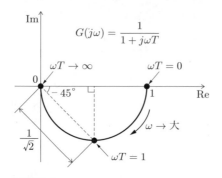

図 4.34 1次遅れ要素のナイキスト線図

ここで，バンド幅（帯域幅）とは，フィルタの通過帯域を表す用語で，定常ゲイン（この場合は 0 dB）よりも 3 dB 下がるときの周波数を指します。

　1次遅れ要素のナイキスト線図を図 4.34 に示します。$\omega T = 0$ のとき $G(j\omega) = 1$ なので，そこから出発し，第4象限内を通って，$\omega T \to \infty$ のとき原点に向かいます。この場合，ナイキスト線図は半径 0.5 の半円を描きます。$\omega T = 1$ のとき，原点からの距離は $1/\sqrt{2} = -3$ dB，正の実軸となす角度は $-45°$ となり，これは折線近似法の場合分け (b) に対応します。実は，図 4.24 (b) で描いたナイキスト線図は，1次遅れ要素に対するものでした。

4.6.5　1次進み要素

　1次進み要素

$$G(s) = Ts + 1$$

の周波数伝達関数は，次式で与えられます。

$$G(j\omega) = 1 + j\omega T \tag{4.63}$$

1次遅れ要素と同様の場合分けをすることによってこのボード線図を描くことができます。これを図 4.35 に示します。

4.6.6　システムの直列接続

　図 4.36 に示すように二つのシステムが直列接続されている場合を考えましょう。いま，それぞれのシステムの周波数伝達関数が，

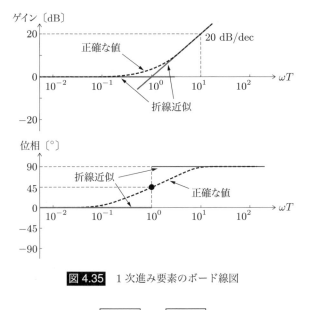

図 4.35 1 次進み要素のボード線図

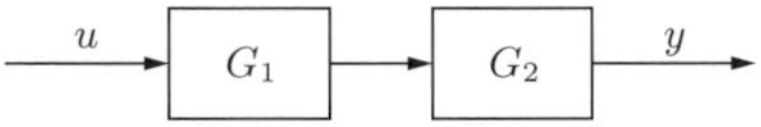

図 4.36 二つのシステムの直列接続

$$G_1(j\omega) = |G_1(j\omega)|e^{j\angle G_1(j\omega)}, \quad G_2(j\omega) = |G_2(j\omega)|e^{j\angle G_2(j\omega)} \tag{4.64}$$

のように極座標表現で与えられているとき，図における u から y までの周波数伝達関数

$$G(j\omega) = G_2(j\omega)G_1(j\omega)$$

を求める問題を考えます。

複素数の極座標表現は乗算，すなわち直列接続に向いているので，

$$\begin{aligned}
G(j\omega) &= |G(j\omega)|e^{j\angle G(j\omega)} \\
&= |G_1(j\omega)||G_2(j\omega)|e^{j(\angle G_1(j\omega)+\angle G_2(j\omega))}
\end{aligned} \tag{4.65}$$

が得られ，これより

$$|G(j\omega)| = |G_1(j\omega)||G_2(j\omega)|, \quad \angle G(j\omega) = \angle G_1(j\omega) + \angle G_2(j\omega) \tag{4.66}$$

が得られます。位相特性は加算になりましたが，振幅特性は乗算です。そこで，振幅特性を対数を使ってデシベル表示のゲイン特性に変換すると，つぎに示すようにゲイン特性の計算も加算になります。

いま，$G(j\omega)$，$G_1(j\omega)$，$G_2(j\omega)$ のゲインをそれぞれ $g(\omega)$，$g_1(\omega)$，$g_2(\omega)$ とおくと，

$$g(\omega) = 20\log_{10}|G(j\omega)| = 20\log_{10}(|G_1(j\omega)||G_2(j\omega)|)$$
$$= 20\log_{10}|G_1(j\omega)| + 20\log_{10}|G_2(j\omega)| = g_1(\omega) + g_2(\omega)$$

となります。以上より，直列接続の場合，ゲイン特性と位相特性は二つのシステムのそれぞれの特性の和を計算すればよいことがわかります。これより，直列接続は，ボード線図上では加算すればよいのです。ややこしい数式を書いて説明しましたが，ここではつぎのことを強調したかったのです。

Point 4.14 ボード線図とシステムの直列接続

古典制御はシステムの直列接続の扱いが得意であり，ボード線図は直列接続されたシステム全体の周波数特性を描くのに適しています。そのため，ボード線図は古典制御理論ではなくてはならない必須ツールです。

システムの直列接続について，例を用いて説明しましょう。前述したように微分要素 Ts は物理的に実現できないので，それを

$$G(s) = \frac{Ts}{Ts+1} \tag{4.67}$$

のようにして用いることがあり，これを**近似微分要素**と呼びました。この近似微分の仕組みをボード線図を使って調べていきましょう。

近似微分要素は，

$$G(s) = Ts\frac{1}{Ts+1}$$

のように，微分要素と1次遅れ要素の積，すなわち直列接続で表すことができます。近似微分要素のボード線図の作図法を図 4.37 に示します。まず，折線近似法を用いて微分要素と1次遅れ要素のボード線図を描きます。それぞれを破線と

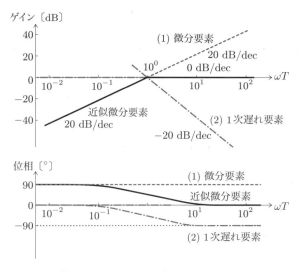

図 4.37 近似微分要素のボード線図の作図法

1点鎖線で表しました。二つのシステムの直列接続は，ボード線図上では，ゲイン特性，位相特性ともに加算に対応するので，二つのシステムの和を計算して作図します。以下ではゲイン線図に注目して説明します。たとえば，$\omega T < 1$ では，1次遅れ要素のゲイン特性は 0 dB/dec の直線で，微分要素のそれは 20 dB/dec の直線なので，両者を足すと微分要素の線がそのまま残り，20 dB/dec の直線になります。つぎに，$\omega T > 1$ では，微分要素は 20 dB/dec の直線で，1次遅れ要素は -20 dB/dec の直線なので，両者を足すと 0 dB/dec の直線になり，それをゲイン線図では実線で描きました。

このように，システムの直接接続の場合，ゲイン特性に関してはゲイン線図上で容易に作図することができます。位相線図に関しても，二つのシステムの位相線図の概形を描き，それらを足すことによって，全体の概形を描くことができます。

図 4.37 の実線で描いた図より，近似微分要素は，$\omega < 1/T$ の低域における微分要素の近似であることがわかります。また，このゲイン線図は，われわれが信号処理などで利用する**高域通過フィルタ**そのものです。

もう一つここで重要な点は，微分器のようなインプロパーなシステムがあった

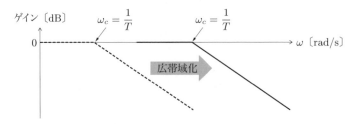

図 4.38 時定数と通過帯域の関係

場合，それに1次遅れ要素を直列接続してプロパーにするテクニックです。このプロパー化は実システムを制御するときによく利用されるので，知っておくとよいでしょう。

問題は，このとき付加する1次遅れ要素の時定数の設定です。これについて図 4.38 を用いて説明しましょう。図では，二つの1次遅れ要素のゲイン線図を示しています。1次遅れ要素のカットオフ周波数 ω_c は時定数 T の逆数なので，時定数が小さいほどカットオフ周波数が高くなります。図では右側の図がそれに対応します。この ω_c が高いほど，高周波の正弦波まで通過できるので，そのシステムの応答は良くなります。左の図（破線）を右の図（実線）のように変化させることを広帯域化といいます。今は近似したいもとのシステムの特性をできるだけ変化させたくないので，ゲインが 0 dB の部分が多い，すなわち，ω_c が高い1次遅れ要素を利用したほうがよいのです。以上より，実装上，時定数 T は可能な範囲で小さな値を選んでおくべきでしょう。

4.6.7　2次遅れ要素

2次遅れ要素の伝達関数

$$G(s) = \frac{\omega_n^2}{s^2 + 2\zeta\omega_n s + \omega_n^2} \tag{4.68}$$

で，$s = j\omega$ とおくと，その周波数伝達関数は，

$$G(j\omega) = \frac{\omega_n^2}{(\omega_n^2 - \omega^2) + j2\zeta\omega_n\omega} \tag{4.69}$$

になります。前述したように，この周波数伝達関数からもとの2次遅れ要素の伝達関数を想像することは困難です。いま，規格化周波数を

$$\Omega = \omega/\omega_n \tag{4.70}$$

とすると，

$$G(j\Omega) = \frac{1}{(1 - \Omega^2) + j2\zeta\Omega} \tag{4.71}$$

が得られます。この $G(j\Omega)$ のゲイン特性と位相特性は，

$$g(\Omega) = -20\log_{10}\sqrt{(1 - \Omega^2)^2 + (2\zeta\Omega)^2} \tag{4.72}$$

$$\varphi(\Omega) = -\arctan\frac{2\zeta\Omega}{1 - \Omega^2} \tag{4.73}$$

となります。このグラフを描くことにしましょう。

1次遅れ要素のときと同じように，規格化周波数 Ω の大きさにより，つぎのように場合分けします。

(a) $\Omega \ll 1$ のとき，$g(\Omega) \approx 0$〔dB〕，　　　　　　　$\varphi(\Omega) \approx 0°$

(b) $\Omega = 1$ のとき，$g(\Omega) = -20\log_{10}(2\zeta)$〔dB〕，$\varphi(\Omega) = -90°$

(c) $\Omega \gg 1$ のとき，$g(\Omega) \approx -40\log_{10}\Omega$〔dB〕，$\varphi(\Omega) \approx -180°$

これより，ゲイン特性は，$\Omega \to 0$ のときは 0 dB/dec に，$\Omega \to \infty$ のときは -40 dB/dec の 2 本の直線に漸近することがわかります。すなわち，低域では $K = 1$ の比例要素に，高域では二つの積分器（2 重積分器）で近似できます。$\Omega = 1$ のときのゲインの値は，(b) から明らかなように減衰比 ζ に依存します。ここまでの成果を使って作図したボード線図を図 4.39 に示します。

減衰比が $\zeta \geq 1$ の場合には，2 次遅れ要素は二つの 1 次遅れ要素の直列接続になるので，これまでの知識でボード線図を描くことができます。すなわち，二つの 1 次遅れ要素のボード線図を描いて，それらの和をとればよいのです。しかし，$0 < \zeta < 1$ の場合には，これまでのように手軽に作図することはできず，計算機の力を借りることになるでしょう。そこで，$\zeta = 0.005, 0.1, 0.707, 2$ のときの 2 次遅れ要素のボード線図を図 4.40 に示します。図より，ζ が小さいとき，すなわち減衰が悪い場合には，$\Omega = 1$ でゲイン特性はピークを持ち，位相の変化が激しいことがわかります。

それでは，どのようなときにピークを持つのかについて調べてみましょう。これは関数の極値を求める計算に対応するので，ゲイン特性を規格化周波数で微分

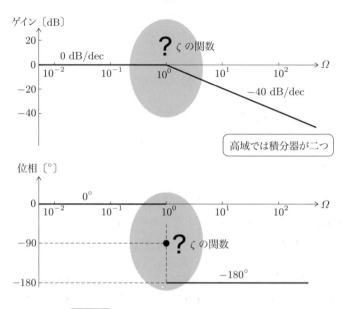

図 4.39 2 次遅れ要素のボード線図の概形

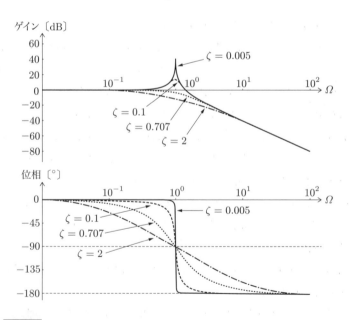

図 4.40 2 次遅れ要素のボード線図 ($\zeta = 0.005,\ 0.1,\ 0.707,\ 2$ のとき)

して 0 とおきます。

$$\frac{\mathrm{d}}{\mathrm{d}\Omega}|G(j\Omega)| = \frac{\mathrm{d}}{\mathrm{d}\Omega}\left|\frac{1}{(1-\Omega^2)+j2\zeta\Omega}\right| = 0$$

商の微分なのでちょっと面倒ですが，頑張って計算すると，ピークを与える規格化周波数

$$\Omega_p = \sqrt{1-2\zeta^2} \tag{4.74}$$

が得られます。式 (4.70) を用いて規格化周波数 Ω をもとの周波数 ω に戻すと，

$$\omega_p = \omega_n\sqrt{1-2\zeta^2} \tag{4.75}$$

が得られます。この ω_p を**ピーク周波数**あるいは**共振周波数**といいます。このように，ピーク周波数 ω_p と固有周波数 ω_n は微妙に違うことに注意してください。

式 (4.75) 右辺の平方根の中が正でないと，ピーク周波数が虚数になってしまうので，ピーク周波数が存在する条件は，

$$0 < \zeta < \frac{1}{\sqrt{2}} \approx 0.707 \tag{4.76}$$

になります。

この条件が成り立つとき，2 次遅れ要素は **2 次振動系**と呼ばれます。この条件は，不足制動の条件（$0 < \zeta < 1$）（ステップ応答が最終値を超えてしまう条件）よりきびしいことに注意しましょう。さらに，ピーク周波数のとき，ゲインは最大値

$$M_p = \frac{1}{2\zeta\sqrt{1-\zeta^2}} \tag{4.77}$$

をとります。これを**ピークゲイン**あるいは **M ピーク値**といいます。

Point 4.15 ゲインと位相の関係（ボードの定理）

一般に，複素数の大きさと位相は直接には関係ありませんが，周波数伝達関数を考えた場合，これまでに描いたボード線図を見ると，そのゲイン特性と位相特性には何らかの関係がありそうです。この関係は，ボードが提案した

ボードの定理として知られています。ここでは，それを簡単に紹介しておきましょう。

この定理は，大雑把にはつぎの対応関係としてまとめられます。頭の中に入れておくとよいでしょう。

- ゲインの傾きが 0 dB/dec のとき，位相は 0° に対応
- ゲインの傾きが −20 dB/dec のとき，位相は −90° に対応
- ゲインの傾きが −40 dB/dec のとき，位相は −180° に対応

この定理の背景には，システムが**最小位相系**であるという仮定が必要です。これについては 5.4 節で述べます。

4.6.8 むだ時間要素

むだ時間要素の伝達関数は $G(s) = e^{-\tau s}$ なので，その周波数伝達関数は，

$$G(j\omega) = e^{-j\omega\tau} \tag{4.78}$$

になります。むだ時間要素の周波数伝達関数は**オイラーの関係式**そのものなのです。すなわち，複素平面の単位円上に存在するので，大きさは常に 1，すなわち 0 dB です。つぎに，式 (4.78) 右辺で，$-j\omega\tau$ とマイナスの符号がついているので，位相は遅れます。これより，ゲイン特性と位相特性は，それぞれつぎのようになります。

$$g(\omega) = 20\log_{10}|e^{-j\omega\tau}| = 0 \; \text{〔dB〕} \tag{4.79}$$

$$\varphi(\omega) = -\omega\tau \; \text{〔rad〕} = -\frac{180\omega\tau}{\pi} \; \text{〔°〕} \tag{4.80}$$

$\tau = 1$ のときのボード線図を図 4.41 に示します。位相遅れは周波数に比例して遅れるので，高周波になるに従って遅れが増大します。

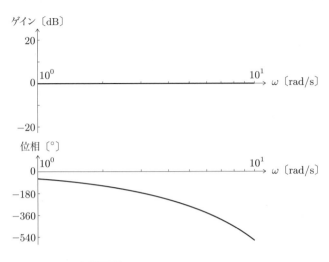

図 4.41 むだ時間要素のボード線図

Point 4.16 むだ時間とのたたかい

むだ時間要素はゲイン特性を変えずに位相だけを遅らせる要素なので，システムの中にむだ時間要素が直列接続されると，位相が遅れます。第5章で述べるように，フィードバック制御システムでは，位相遅れは不安定化の原因になるので，むだ時間はフィードバック制御システムにとって大敵です。

制御工学を実システムに応用する場面では，プロセッサの演算遅れ，システム間のむだ時間，通信遅延など，さまざまなむだ時間の要因が存在し，それらに起因する位相遅れは避けられません。たとえば，雑音を除去しようと思って低域通過フィルタを作用させるだけで，位相は遅れてしまうのです（1次遅れ要素の位相特性を思い出しましょう）。

位相遅れへの対応は，フィードバック制御システム設計において，考慮すべき最大の関心事の一つなのです。

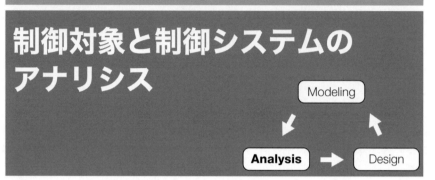

制御対象と制御システムの
アナリシス

第5章

Modeling

Analysis → Design

　制御対象のモデリングが終わったら，つぎの作業はアナリシスです。本章では，まず，線形システムの最も重要な性質である安定性について解説します。その後，コントローラを導入して，フィードフォワード制御とフィードバック制御について説明します。続いて，フィードバック制御システムに焦点を絞って，その安定性，過渡特性，定常特性などをアナリシス（解析）しましょう。

5.1　線形システムの安定性

　図 5.1 を用いて，線形システムの安定性について説明します。対象とする線形システムに，図に示すように大きさが有界な入力に対する出力の大きさが有界に

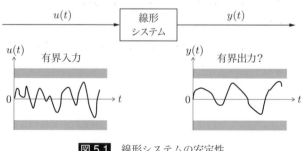

図 5.1　線形システムの安定性

なるとき「システムは安定である」と定義します。ここで，有界とは，無限大にはならずに，ある有限な値より小さいという意味です。さまざまな安定性の定義が存在しますが，この定義はシステムの入出力に着目した最も基本的なものです。

5.1.1 安定性の定義

線形システムを時間領域でモデリングするときにシステムのインパルス応答から出発したように，安定性でもインパルス応答から始まります。線形システムのインパルス応答を $g(t)$ とするとき，

$$\int_0^\infty |g(t)|\mathrm{d}t < \infty \tag{5.1}$$

が成り立てば，そのシステムは安定であることが知られています。この積分の式は「絶対値可積分の条件」と呼ばれ，ちょっと難しそうです。しかし，数学的な厳密さは欠きますが，本書が扱う範囲では，十分時間が経過した後に，インパルス応答の値が 0 に収束しているとき，そのシステムは安定であると判断します。図 5.2 に二つのインパルス波形の例を示します。図 (a) のインパルス応答を持つシステムは安定，図 (b) は不安定です。

インパルス応答の数式が既知であれば式 (5.1) を計算することによって，あるいは，インパルス応答波形が利用できればそれを見ることによって，安定性を判断できます。しかし，なんだか面倒臭そうです。そこで，モデリングのときと同

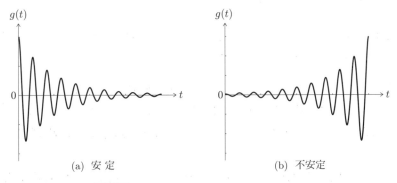

図 5.2 インパルス応答による安定性の判別

じように，時間領域ではなく，ラプラス領域や周波数領域で安定性を判別する方法を与えましょう。

5.1.2 ラプラス領域における安定判別

線形システムがラプラス領域の伝達関数 $G(s)$ で記述されている場合に安定性を判別する方法を与えます。まず，簡単な例から見ていきましょう。

> **例題 5.1** 伝達関数が
>
> $$G(s) = \frac{s+5}{(s+3)(s+4)} = \frac{2}{s+3} - \frac{1}{s+4}$$

のとき，逆ラプラス変換を用いてインパルス応答を計算すると，

$$g(t) = (2e^{-3t} - e^{-4t})u_s(t)$$

となり，$t \to \infty$ のとき $g(t) \to 0$ になるので，このシステムは安定です。この場合，極は $s = -3, -4$ です。

> **例題 5.2** 伝達関数が
>
> $$G(s) = \frac{s+5}{(s+3)(s-4)} = \frac{1}{7}\left(-\frac{2}{s+3} + \frac{9}{s-4}\right)$$

のとき，逆ラプラス変換を用いてインパルス応答を計算すると，

$$g(t) = \frac{1}{7}(-2e^{-3t} + 9e^{4t})u_s(t)$$

となり，$t \to \infty$ のときインパルス応答は発散するので，このシステムは不安定です。この場合，極は $s = -3, 4$ です。

これら二つの例題から，インパルス応答が 0 に収束するか発散するかは，e の指数，すなわち極の符号が負か正かで決まることがわかります。図 5.3 に二つの例題の極の位置を示します。どうやらシステムの安定性は，極の位置と関係がありそうです。

二つの例題では極が実数の場合を扱ったので，つぎは極が複素共役の場合を見てみましょう。

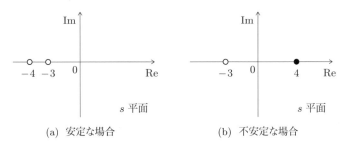

(a) 安定な場合   (b) 不安定な場合

図 5.3 例題 5.1, 5.2：安定性

例題 5.3 伝達関数が

$$G(s) = \frac{13}{s^2 + 6s + 13} \tag{5.2}$$

で与えられる 2 次遅れ要素の安定性を調べましょう。

まず，平方完成を用いて $G(s)$ を変形します。

$$G(s) = 6.5 \frac{2}{(s+3)^2 + 2^2}$$

ラプラス変換の s 領域推移の性質を利用すると，インパルス応答は

$$g(t) = \mathcal{L}^{-1}[G(s)] = 6.5 e^{-3t} \sin 2t \, u_s(t) \tag{5.3}$$

となります。この波形は減衰正弦波ですが，2 次遅れ要素の標準形を用いて減衰比を計算すると $\zeta \approx 0.832$ なので，不足制動といっても振動することなく 0 に収束します。

このインパルス応答波形を図 5.4 (a) に示します。図からもこのシステムは安定であることがわかります。この例でも，インパルス応答が 0 に向かうかどうかは，e の指数の -3 で決まることがわかります。

この場合の極は $s^2 + 6s + 13 = 0$ を解くことより

$$s = -3 \pm j2 \tag{5.4}$$

となります。それを図 5.4 (b) に示します。

式 (5.3) と式 (5.4) を比較すると，極の実部 -3 がインパルス応答の指数関数の指数部に対応し，極の虚部 2 がインパルス応答の正弦波の周波数に対応して

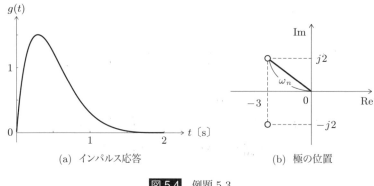

(a) インパルス応答　　　　　　　(b) 極の位置

図 5.4　例題 5.3

いますが。そして，安定性に関わるのは極の実部だけです。以上より，つぎの結果
が得られます。

Point 5.1　伝達関数を用いた安定判別法

伝達関数のすべての極の実部が負，すなわち，図 5.5 の丸印で示すように，す
べての極が s 平面上の左側（これを**左半平面**といいます）に存在するとき，そ
のシステムは安定です。ただし，虚軸上は含みません。一方，一つでも右半平
面に極が存在すると，そのシステムは不安定です。

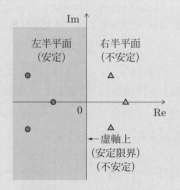

図 5.5　s 平面上の安定領域

線形システムが伝達関数で記述されている場合，その極を s 平面にプロットす

ると，安定かどうかが簡単にわかります。つぎに，原点からの距離で固有周波数（応答の速さ）がわかり，虚軸からの離れ方によって減衰性の度合いがわかります。このように，システムの極はいろいろな情報を持っています。

ここまで用いた例題は 2 次系で，その極を計算することは容易でした。しかし，3 次系以上になると，極を求める方程式が 3 次方程式以上になるので，通常，厳密解を求めることはできません。計算機が発達した現在では，数値解法のプログラムを用いて高次方程式の根（極）を計算して，s 平面にプロットすればよいですが，150 年くらい前にはそのようなことはできませんでした。この問題に対する解答を与えたのが，マクスウェルとラウスでした（コラム 5.1 参照）。

ラウスが考案した安定判別法は，計算機がない時代に開発された画期的な方法です。例題を用いて，ラウスの安定判別法を紹介しましょう。

（伝達関数の分母多項式）＝ 0 を線形システムの**特性方程式**といい，その根を**特性根**あるいは「極」と呼びます。この特性方程式の例として，つぎの 5 次方程式を考えましょう。

$$as^5 + bs^4 + cs^3 + ds^2 + es + f = 0 \tag{5.5}$$

この方程式の根が左半平面に存在するかどうか，すなわち，システムが安定であるかどうかを手計算で調べる方法が，**ラウスの安定判別法**です。

まず，つぎの条件をチェックすることから始めます。

条件：式 (5.5) のすべての係数 $a, b, \ldots, f$ が存在し，同符号であること

この条件が満たされていなければ，その時点でシステムは不安定です。たとえば，特性方程式が，

$$s^2 - 1 = 0$$

のときには，s^1 の係数が 0 で，s^0 の係数が負なので，この条件を満たしません。この場合は 2 次方程式なので，実際に計算すると，特性根は $s = \pm 1$ となり，右半平面に $s = 1$ という不安定極を持ちます。

この条件を満たしていれば，つぎはラウス表を作成します。まず，図 5.6 (1) に示すような表を準備します。この例は 5 次方程式なので，第 1 列は s^5 から s^0

コラム 5.1　　マクスウェルとラウス：ケンブリッジ大学の同級生

　制御理論の歴史は安定性の研究から始まったので，ちょっとここで制御の歴史を振り返ってみましょう。制御理論の最初の論文は，1868年にジェームズ・C・マクスウェル（James C. Maxwell, 1831～1879）が書いた "On Governors" だと言われています。電磁気学で有名なマクスウェルですが，制御理論の最初の論文を書いたのもマクスウェルだったのです。本書の第1章で述べたように，近代的な制御のハードウェア第1号はワットの蒸気機関のガバナであり，この蒸気機関の軸の回転運動の安定性を解析したのが，マクスウェルの論文でした。しかし，この論文でマクスウェルが導出した安定性の条件は，必要条件だけでした。

マクスウェル（George J. Stodart / Public domain）

　その後，安定性のための必要十分条件を導いたのがエドワード・ラウス（Edward Routh, 1831～1907）で，その研究成果をまとめた「与えられた運動の状態の安定性に関する論文」により，1877年に彼はアダム

ラウス（en:user:QueenAdelaide / Public domain）

ス賞を受賞します。この賞の審査員の一人はマ

クスウェルでした。この論文の中で，後にラウスの安定判別法として有名になった，線形動的システムの安定判別に対する必要十分条件を与えており，最後ではワットのガバナに適用した例も記述されています。

　なお，ラウスとマクスウェルはケンブリッジ大学の同級生で，数学の卒業試験でラウスが1番で，マクスウェルが2番だったそうです。ケンブリッジ大学工学部のとなりに，ラウスが所属していたピーターハウスコレッジがあります。そして，そのダイニングルームにはラウスの肖像画が飾られています。

(1) 表の準備

s^5	a	c	e
s^4	b	d	f
s^3			
s^2			
s^1			
s^0			

(2) s^3 の行の計算

s^5	a	c	e
s^4	b	d	f
s^3	$\dfrac{bc-ad}{b}=\alpha$	$\dfrac{be-af}{b}=\beta$	
s^2			
s^1			
s^0			

(3) s^2 の行の計算

s^5	a	c	e
s^4	b	d	f
s^3	α	β	0
s^2	$\dfrac{\alpha d-b\beta}{\alpha}=\gamma$	$\dfrac{\alpha f-b\cdot0}{\alpha}=f$	
s^1			
s^0			

(4) s^1 の行の計算

s^5	a	c	e
s^4	b	d	f
s^3	α	β	
s^2	γ	f	
s^1	$\dfrac{\gamma\beta-\alpha f}{\gamma}=\delta$		
s^0			

(5) s^0 の行の計算

s^5	a	c	e
s^4	b	d	f
s^3	α	β	
s^2	γ	f	
s^1	δ	0	
s^0	$\dfrac{\delta f-\gamma\cdot0}{\delta}=f$		

(6) ラウス表の完成

s^5	a	c	e
s^4	b	d	f
s^3	α	β	
s^2	γ	f	
s^1	δ		
s^0	f		

図 5.6 ラウス表の作成

が降べきの順に並んでいます。上から 2 行に特性方程式の係数 a, b, c, d, e, f を図に示す順番で配置します。

つぎは，s^3 の行の計算です。この行の計算で最も重要なものは，2 行目の最初の係数 b です。図 5.6 (2) に示すように，これを分母として，分子はたすきがけの計算をします。このようにして計算したものを

$$\alpha=\frac{bc-ad}{b},\quad \beta=\frac{be-af}{b}$$

とおきます。

つぎは，s^2 の行の計算です。この行の計算には直前の二つの行，すなわち，s^3 の行と s^4 の行を用います。図 5.6 (3) からわかるように，計算の仕方は，s^3 の行の計算のときと同様です。ただし，表の中で値が入っていないところには 0 を

入れて計算します。このようにして計算したものを

$$\gamma = \frac{\alpha d - b\beta}{\alpha}$$

とおきます。s^1 の行の計算も，図 5.6 (4) のように同様に行い，新たに計算されたものを δ とおきます。s^0 の行の計算もまったく同様で，図 5.6 (6) ができ上がったラウス表です。そして，このラウス表の第 2 列の係数からラウス数列

$$\{a,\, b,\, \alpha,\, \gamma,\, \delta,\, f\}$$

を構成します。

　以上の準備のもとで，システムが安定であるための必要十分条件は，ラウス数列の要素がすべて同符号であることです。さらに，正の実部を持つ極，すなわち不安定極の個数は，ラウス数列での正負の符号変化の数に等しくなることが知られています。

　具体的な数値が入った例題を使って，ラウスの安定判別法の理解を深めましょう。

例題 5.4　特性方程式が

$$s^4 + 2s^3 + 3s^2 + 4s + 5 = 0 \tag{5.6}$$

で与えられるシステムの安定性を調べましょう。

　まず，すべての係数が存在して正なので，最初の条件を満たしています。つぎに，ラウス表を作成すると，図 5.7 が得られます。このラウス表からラウス数列は $\{1, 2, 1, -6, 5\}$ となります。途中で 2 回の符号変化，すなわち，1 から

s^4	1	3	5
s^3	2	4	
s^2	$\dfrac{2 \cdot 3 - 1 \cdot 4}{2} = 1$	$\dfrac{2 \cdot 5 - 1 \cdot 0}{2} = 5$	
s^1	$\dfrac{1 \cdot 4 - 2 \cdot 5}{1} = -6$		
s^0	5		

図 5.7　例題 5.4：ラウス表

−6，−6 から 5 があるため，このシステムは不安定であり，2 個の不安定極を持つことがわかります。

実際に数値計算をして四つの極を求めると，

$$s = -1.288 \pm j0.8579,\ 0.2878 \pm j1.416$$

となり，二つの極が右半平面に存在するので，このシステムは確かに不安定です。

ラウスの安定判別法が提案された 19 世紀後半の英国では，大学の学者と現場の人との交流がほとんどなかったため，ラウスの結果はケンブリッジ大学のグループとその周辺を除くと，ほとんど広まらなかったようです。そのため，ラウスの方法を実際に英国で用いた事例は，1940 年になるまで報告されなかったそうです。

安定判別問題に対して，1895 年にフルビッツ（スイスのチューリッヒ工科大学）によって提案された，行列を用いた**フルビッツの安定判別法**があります。この方法とラウスの安定判別法は等価なので，**ラウス・フルビッツの安定判別法**と呼ばれることもあります。

以上で説明したように，ラウスの安定判別法は，線形システムが多項式の分数の形（有理多項式）の伝達関数で記述されているとき，高次システムであっても，手計算で安定性を判別できるという利点を持ちます。一方，むだ時間のような無限次元の伝達関数には適用できません。また，安定か不安定かという 0 か 1 かの判別しか行えず，安定性の度合いはわかりません。これらの問題点を解決するためには，周波数領域における安定判別法が必要になります。これについては，フィードバックシステムの安定性を扱う 5.3 節で説明します。

ここまでは，制御対象という線形システム単体の議論でした。次節からは，制御対象にコントローラを接続した制御システムのアナリシスを行っていきましょう。

5.2　制御システムの構成

以下にまとめた制御目的を達成するために，制御対象にコントローラを接続して制御システムを構成します。いよいよ制御対象とコントローラのドッキングです。

Point 5.2 制御の目的

制御の主な目的を以下にまとめます。

(1) **制御システムの安定化**

 (a) 不安定な制御対象を安定にすること

 (b) コントローラを接続することによって，安定な制御対象を不安定に しないこと

(2) **目標値追従性**：できるだけ速く，それほど振動的にならずに，制御量（制御対象の出力）を目標値に追従させること

(3) **外乱抑制性**：制御対象を乱す外乱（未知の外部入力）が存在しても，その影響を抑制すること

(4) **ロバスト性**：制御対象のモデルの不確かさ（モデル化誤差）に対してロバスト（がんじょう）であること

 第2章で述べたように，コントローラの接続法により制御は二つに大別されます。フィードフォワード制御とフィードバック制御です。以下ではこれらについて解説しましょう。なお，本書では制御対象とコントローラともに線形システムであると仮定します。

5.2.1 フィードフォワード制御

 まず，フィードフォワード制御について見ていきましょう。

[1] フィードフォワードコントローラは制御対象の逆システム

 フィードフォワード制御システムの構成を図 5.8 に示します。図からわかるように，フィードフォワード制御は制御対象に直列にコントローラを接続するだけなので，容易に制御システムを構成することができます。ここで，コントローラ

図 5.8 フィードフォワード制御システムの構成

への入力は目標値 $r(t)$ です。そして，制御目的は，制御量である $y(t)$ を目標値 $r(t)$ に一致させることです。

ブロック線図より，$y = PCr$ と書くことができるので，

$$C = P^{-1} \tag{5.7}$$

のように制御対象の逆システムをコントローラに選べば，$y = r$ となり完璧な制御システムが構成できそうです。たとえば，制御対象が静的システムで $P = 5$ のとき，$C = P^{-1} = 0.2$ と設計すれば，必ず $y(t) = r(t)$ が達成できます。

[2] フィードフォワード制御の外乱特性

図 5.9 に示すように，外乱 $d(t)$ が出力に加わる場合はどうなるでしょうか？この図から，次式が得られます。

$$y = PCr + d \tag{5.8}$$

この場合に，$C = P^{-1}$ と設計しても，$y = d$ となり，出力には外乱の影響がそのまま現れてしまいます。もしも外乱 $d(t)$ の値がわかっていれば，それを考慮してコントローラ C を設計できそうですが（ちょっと考えてみてください），一般には対処しようがありません。なぜならば，「ステップ外乱」とか「正弦波外乱」とかいうように，定性的に外乱の種類がわかっている場合はありますが，その大きさや周波数などの具体的な値は通常わからないことが多いからです。

[3] フィードフォワード制御のロバスト性

現実のシステムとそのモデルの間の誤差を**モデル化誤差**といいます。ここではモデル化誤差が存在する場合を考えましょう。前述の例ですと，$P = 5$ であるとモデリングして $C = 0.2$ としましたが，実際には $P = 4$ だった場合には，$y(t) = 0.8r(t)$ となって，目標値から 20 ％ ずれてしまいます。この場合もモデ

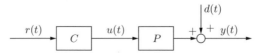

図 5.9 外乱が存在する場合のフィードフォワード制御システム

ル化誤差の影響がそのまま出力のずれに現れています。このように，フィードフォワード制御には，モデル化誤差に対する**ロバスト性**がないのです。

　制御理論を実システムに適用する場合，対象の完全なモデリングを行うことは不可能ですし，もしもできたとしても，モデルが非常に高次になってしまい，そのあとの処理が難しいので，モデル化誤差の考慮は必要になります。以上より，フィードフォワード制御は修正機能を有さないので，外乱やモデル化誤差の影響が直接出力に現れてしまうという問題点を持ちます。

[4] 動的システムに対するフィードフォワード制御

　ダイナミクスを持つ動的システムの例として，1次遅れ要素

$$P(s) = \frac{1}{s+1} \tag{5.9}$$

を制御対象としましょう。この逆システムをフィードフォワードコントローラの候補とします。

$$C_1(s) = s + 1$$

このコントローラは1次進み要素でインプロパーなので，実装できませんが，第4章で微分要素を**プロパー化**して近似微分要素を構成したことを思い出してください。ここでは1次遅れ要素を直列接続して，

$$C(s) = \frac{s+1}{Ts+1} \tag{5.10}$$

とすれば，プロパーなコントローラが得られます。このとき，1次遅れ要素の時定数 T は，1次進み要素の時定数 1 に比べて小さい値，たとえば，$T = 0.01$ のような値を選べばよいでしょう。図 5.10 にプロパー化したコントローラのボード線図を示します。図より，$\omega = 100$ rad/s までは本来の1次進み特性を持つことがわかります。設計したコントローラを実機に適用する場合には，ディジタルプロセッサを利用することになるので，何らかのサンプリング周期でコントローラを離散化する必要が生じます。したがって，ある周波数まで1次進み特性を持てば問題ありません。

　念のため，式 (5.9) の制御対象に，式 (5.10) のコントローラを直列接続してフィードフォワード制御システムを構成すると，目標値 r から制御量 y までの

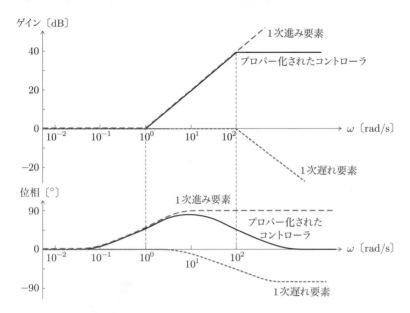

図 5.10 インプロパーなコントローラのプロパー化

伝達関数は,

$$P(s)C(s) = \frac{1}{s+1}\frac{s+1}{Ts+1} = \frac{1}{Ts+1} \tag{5.11}$$

となります。このシステムは,$\omega = 1/T = 100$ rad/s を通過帯域とする低域通過フィルタなので,その周波数までの正弦波入力には追従できる,**速応性**[1]が優れたものになります。

[5] フィードフォワード制御は不安定システムを安定化できない

フィードフォワードコントローラの設計法の基本は,制御対象の逆システムを構成することです。言い換えると,式 (5.11) で示したように,制御対象の極と零点をコントローラの零点と極でそれぞれ打ち消すことであり,これを**極零相殺**といいます。式 (5.9) で用いた制御対象の極は $s = -1$ で,制御対象は安定でし

---

[1]「速応性」は制御工学で過渡特性の速さを表現する専門用語です。しかし,広辞苑には「即応」という単語は載っていますが,「速応」は載っていません。おそらく,速応性は昔の制御工学の先生が作られた造語なのでしょう。これも方言問題かもしれませんが,著者にはなじみ深いので,本書でもこの用語を使っています。

た。この場合には，コントローラの零点を，同じ $s = -1$ とすることにより極零相殺をすることができました。

一方，制御対象が

$$P(s) = \frac{1}{s-1}$$

のように不安定である場合には，コントローラの候補として

$$C(s) = s - 1$$

を用意すればよさそうなのですが，このような不安定な極零相殺はできないのです。制御対象のモデルの不確かさや，初期値などの影響により，不安定な極零相殺をすると，システムの内部に含まれる信号が発散してしまうからです。

不安定極を極零相殺で除去することはできませんが，その代わりに，フィードバック制御によって不安定極を安定な左半平面へ移動させることができます。

皆さんが自転車を運転する場面を考えましょう。自転車はそのままでは倒れてしまうので，不安定な制御対象です。そのため，最初は補助輪をつけて安定化した状態での運転を体得します。補助輪を外すと不安定になりますが，皆さんは状況を目で見て，体で感じて，それをフィードバックして自転車を運転しています。ほとんどの人は，目隠しをしたら自転車を運転できないでしょう。それは，視覚フィードバックループを切ってしまったからです。

Point 5.3　不安定システムの制御

フィードフォワード制御では不安定な制御対象を安定化できません。不安定なシステムを安定化できるのはフィードバック制御だけです。

以上をまとめると，フィードフォワード制御は速応性が良く，最も効果的な制御法ですが，制御対象のモデルが正確であること，外乱抑制性やロバスト性がな

いことなど，問題点も多く持っています。そのため，フィードフォワード制御単独で利用することはほとんどなく，つぎに述べるフィードバック制御と併用することになります。

5.2.2 フィードバック制御

本書で取り扱う典型的なフィードバック制御システムのブロック線図を図 5.11 に示します。図 5.8 に示したフィードフォワード制御システムと異なる点は，制御量である $y(t)$ をフィードバックして目標値 $r(t)$ からの偏差 $e(t)$ を計算する機能を付加し，その偏差をコントローラに入力して，操作量である制御入力 $u(t)$ を計算する，という点です。

[1] フィードバック制御の目標値追従性

まず，フィードフォワード制御のときに用いた静的な制御対象 $P = 5$ に対するフィードバック制御の性質を調べていきましょう。図 5.11 のブロック線図で $d = 0$ とした図 5.12 のブロック線図を考え，コントローラは比例要素 $C = K$ とします。ただし，K は正の定数です。

ブロック線図から，

$$y = PC(r - y)$$

が得られ，これに $P = 5,\ C = K$ を代入すると，

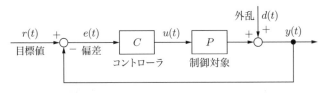

図 5.11 フィードバック制御システムの構成

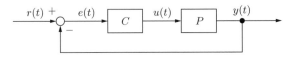

図 5.12 フィードバック制御システムの構成（目標値追従性）

$$y(t) = \frac{5K}{1 + 5K}r(t) \qquad (5.12)$$

が成り立ちます。この場合には，ダイナミクスがないので過渡状態は存在せず，瞬時に $y(t)$ が変化します。まず，フィードフォワード制御と同じように $K = 0.2$ とすると，

$$y(t) = 0.5r(t)$$

となり，これでは目標値の半分の値にしかなりません。そこで，$K = 1000$ とおくと，

$$y(t) = \frac{5000}{5001}r(t) \approx r(t)$$

となり，ほぼ目標値に一致します。さらに，$K \to \infty$ とすると，$y(t) \to r(t)$ となり，**目標値追従性**が達成されます。どうやらフィードバック制御では，K の値（「比例ゲイン」といいます）を大きくしていったほうが目標値追従性は向上するようです。ここで，ゲインを大きくした制御を**ハイゲインフィードバック**といい，これはコントローラ設計の基本です。

[2] フィードバック制御の外乱抑制性

図 5.13 に示すブロック線図を用いて，フィードバック制御の**外乱抑制性**について調べてみましょう。このブロック線図から方程式を立てると，

$$y = d + PC(-y)$$

となるので，

$$y = \frac{1}{1 + PC}d \qquad (5.13)$$

が得られます。先ほどと同じように，$P = 5$，$C = K$ を代入すると，

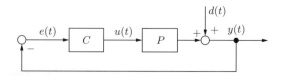

図 5.13　フィードバック制御システムの構成（外乱抑制性）

$$y(t) = \frac{1}{1 + 5K}d(t) \tag{5.14}$$

が得られます。目標値追従性のときと同じように，$K = 0.2$ とすると，$y(t) = 0.5d(t)$ と外乱の影響を半分受けてしまいますが，$K = 1000$ とすると，

$$y(t) = \frac{1}{5001}d(t) \approx 0$$

となり，外乱の影響をほとんど受けないことがわかります。さらに，$K \to \infty$ とすれば，外乱の影響をまったく受けません。このように，ハイゲインフィードバックを行えば，優れた外乱抑制性を持つフィードバック制御システムを構成できそうです。

[3] フィードバック制御のロバスト性

制御対象は $P = 5$ だと思ってモデリングをして，$K = 1000$ としたところ，実際には制御対象が $P = 4$ であった場合を考えましょう。このとき，式 (5.12) より，

$$y(t) = \frac{4K}{1 + 4K}r(t) = \frac{4000}{4001}r(t) \approx r(t)$$

となり，モデル化誤差の影響をほとんど受けません。このように，特に，ハイゲインフィードバックを施すと，フィードバック制御システムはモデル化誤差に対してロバストになります。フィードバック制御はモデル化誤差に対する**ロバスト性**を有しています。

[4] 動的システムに対するフィードバック制御の効果

フィードフォワード制御のときと同じように，1 次遅れ要素

$$P(s) = \frac{1}{s + 1} \tag{5.15}$$

を制御対象としましょう。このシステムの時定数は $T = 1$ 秒で，定常ゲインは $G = 1$ です。また，コントローラは $C(s) = K$ とします。このフィードバック制御システムを図 5.14 に示します。

このとき，r から y までの伝達関数を $W(s)$ とおくと，

$$W(s) = \frac{K}{s + 1 + K} \tag{5.16}$$

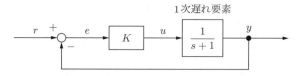

図 5.14　動的システムのフィードバック制御

となります。この $W(s)$ を**閉ループ伝達関数**と呼びます。この伝達関数も 1 次系になりました。しかし，式 (5.16) は 1 次遅れ要素の標準形ではないので，少し変形すると，

$$W(s) = \frac{\dfrac{K}{1+K}}{\dfrac{1}{1+K}s + 1} = G' \frac{1}{T's + 1} \tag{5.17}$$

となります。ここで，分母の定数項を 1 に規格化しました。このように，閉ループシステムは比例要素と 1 次遅れ要素の直列接続になります。これより，フィードバック制御後には時定数と定常ゲインがそれぞれ，

$$T' = \frac{1}{1+K}, \quad G' = \frac{K}{1+K}$$

に変化しました。

表 5.1 に，二つの K の値に対する，フィードバック制御前と制御後の時定数と定常ゲインの比較を示します。比例ゲイン K の値を増加させることにより，制御系の時定数を小さくすることができ，定常ゲインも 1 に近くなっていることがわかります。特に，$K = 1000$ の場合には，図 5.15 に示すように，フィー

表 5.1　フィードバック制御の効果

	制御前	制御後	$K = 1$ のとき	$K = 1000$ のとき
時定数	1	$\dfrac{1}{1+K}$	0.5	0.001
定常ゲイン	1	$\dfrac{K}{1+K}$	0.5	0.999

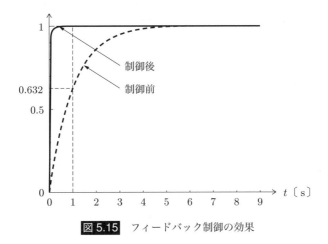

図 5.15 フィードバック制御の効果

ドバック制御を施すことにより時定数が 1/1000 になっており，これは制御系の応答特性が 1000 倍改善されたことを意味しています。

この例では，比例ゲイン K を大きくすればするほど，応答特性などの制御性能が向上し，フィードフォワード制御と同じくらい速い制御システムを構成することができました。しかし，現実のシステムでは，むだ時間などが存在し，それによる位相遅れが避けられません。そのような場合には，フィードバック制御システムは不安定になってしまうので，むやみやたらと比例ゲインを大きくはできないことに注意してください。

最後に，フィードバック制御システムの長所と問題点をまとめておきましょう。

Point 5.4 フィードバック制御の長所と問題点・課題

【長所】

- フィードバックという修正機能を持つ。
- コントローラのゲインを大きくすることにより，過渡特性と定常特性を改善できる。
- 不安定なシステムを安定化できるのは，フィードバック制御だけである。
- モデルの不確かさに対して，ある程度のロバスト性を有している。

【問題点・課題】

- フィードバック制御システムが不安定化するリスクがある。
- フィードバック制御は，偏差が生じてから制御を開始するので，どうしても遅れが生じる。
- より高性能な制御システムを設計するためには，制御対象の高精度なモデルが必要になる[2]。

5.2.3　2自由度制御システム

　制御システム設計の主な目的は，目標値追従性と外乱抑制性でした。しかし，フィードバックコントローラ C に入力されるのは偏差だけであり，この一つの情報から二つの目的を果たすことは，自由度が足りず困難です。その問題点を解決するために提案されたのが，図 5.16 に示す **2自由度制御システム** です。この考え方は，フィードフォワード制御で目標値追従性の性能を改善し，外乱抑制性にはフィードバック制御で対応することです。

　より詳細な2自由度制御システムの構成を図 5.17 に示します。図 5.16 で2自由度コントローラ $C(s)$ とした部分の具体例を図 5.17 では網かけ部分で示しています。ここで，$F(s)/P(s)$ のブロックがフィードフォワードコントローラです。制御対象 $P(s)$ の逆システムに，プロパー化をするための遅れ要素 $F(s)$ が直列接続されています。これは，フィードフォワード制御を扱った 5.2.1 項で説明した式 (5.11) と同じ考え方に基づいています。また，$K(s)$ のブロックが

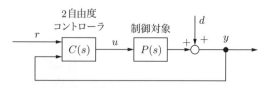

図 5.16　2自由度制御システムの一般形

---

[2] これは本書の範囲を超えていて，現代制御，ロバスト制御，モデル予測制御などのモデルベース制御理論を適用するときの話です。

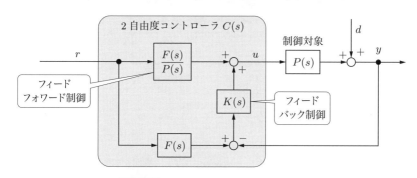

図 5.17 2自由度制御システムの一例

フィードバックコントローラに対応します。この図で, r から y までの関係を計算してみましょう。そのために, 連立方程式

$$y = Pu + d$$
$$u = \frac{F}{P}r + K(Fr - y)$$

を立てて, 解くと,

$$y = Fr + \frac{1}{1 + PK}d$$

となります。フィルタ F を望ましい特性, すなわち, 適切なバンド幅を通過帯域とする低域通過フィルタに設定しておけば, この2自由度制御システムは, 目標値 r に追従し, 外乱 d の影響をフィードバックコントローラ K によって低減できることがわかります。このフィルタ F のことを「規範モデル」と呼ぶこともあります。

5.3 フィードバック制御システムの安定性

本節では, 前節で説明したフィードバックシステムの安定性について調べていきましょう。

5.3.1 フィードバック制御システムの安定判別

いつもと同じように, 図 5.18 (a) のフィードバック制御システムから出発します。ここで,

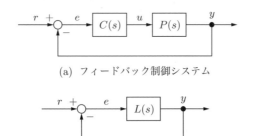

(a) フィードバック制御システム

(b) 一巡伝達関数 $L(s)$ を用いてブロック線図を描き直す

(c) 閉ループ伝達関数 $W(s)$

図 5.18 フィードバック制御システムのブロック線図表現の変換

$$L(s) = P(s)C(s) \tag{5.18}$$

を**一巡伝達関数**（loop transfer function），あるいは**開ループ伝達関数**といいます。図に示したフィードバックループを 1 周したときの伝達関数が $P(s)C(s)$ なので，このように呼ばれています。式 (5.18) により，図 5.18 (b) のブロック線図に変換できます。このブロック線図から，方程式

$$y(s) = L(s)(r(s) - y(s))$$

が得られ，これより r から y までの伝達関数は，

$$W(s) = \frac{L(s)}{1 + L(s)} \tag{5.19}$$

となります。これを**閉ループ伝達関数**（closed-loop transfer function）と呼び，そのブロック線図を図 5.18 (c) に示しています。本節の目的はフィードバックシステムの安定性を調べることなので，それは式 (5.19) の閉ループ伝達関数 $W(s)$ の安定性を調べることと同じになります。

式 (5.19) の分母を 0 とする方程式，

$$1 + L(s) = 0 \tag{5.20}$$

を**特性方程式**と呼びます。特性方程式の根が閉ループシステムの極になるので，

つぎの結果が得られます。

Point 5.5 フィードバック制御システムの安定条件
図 5.18 (a) のフィードバック制御システムが安定であるための必要十分条件
は，特性方程式 $1 + L(s) = 0$ のすべての根が左半平面に存在することです。

この結果で興味深い点は，いま閉ループ制御システム $W(s)$ の安定性を調べ
ることが目的ですが，実際に用いているのは一巡伝達関数（開ループ伝達関数）
$L(s)$ だということです。

Point 5.6 古典制御のへそまがりなところ
古典制御理論では，興味の対象である閉ループ伝達関数 $W(s)$ ではなく，開
ループ伝達関数 $L(s)$ が大活躍します。

例題を使って，フィードバックシステムの安定性について理解を深めましょう。

例題 5.5 図 5.18 (a) のフィードバック制御システムにおいて，制御対象とコン
トローラがそれぞれつぎのように与えられているとします。

$$P(s) = \frac{1}{s^2 + 4s + 2}, \quad C(s) = 2$$

このフィードバック制御システムの安定性を調べましょう。

この例題は 2 次系を P 制御（比例制御）する問題です。P 制御は第 6 章で述
べる PID 制御の部分集合になります。

まず，一巡伝達関数は，

$$L(s) = \frac{2}{s^2 + 4s + 2}$$

なので，特性方程式は，

$$1 + L(s) = 1 + \frac{2}{s^2 + 4s + 2} = \frac{s^2 + 4s + 4}{s^2 + 4s + 2} = 0$$

となります。分子と分母が登場しましたが，この方程式が 0 になるのは分子が 0
になるときなので，

$$s^2 + 4s + 4 = 0$$

を解いて，$s = -2$（重根）が得られます。安定性は極に関連するため，分母多項式 $= 0$ と丸暗記していると間違えるので，注意してください。これより，特性根，すなわち閉ループ極は左半平面に存在するので，このフィードバック制御システムは安定です。

　この場合は特性方程式が 2 次方程式だったので解くことができましたが，3 次方程式以上のときには，つぎの例題のようにラウスの安定判別法を使って解くことになります。

例題 5.6　図 5.19 に示すフィードバック制御システムについて考えましょう。ただし，K は正の定数です。この例題では，2 次系の制御対象を積分型のコントローラでフィードバック制御する状況を想定しています。この制御は「I 制御」（積分制御）と呼ばれており，これも後述する PID 制御の部分集合です。

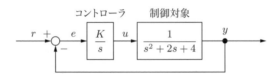

図 5.19　例題 5.6：フィードバック制御システム

　まず，一巡伝達関数を計算すると，

$$L(s) = \frac{K}{s(s^2 + 2s + 4)} \tag{5.21}$$

となります。制御対象は 2 次系で，コントローラが 1 次系なので，一巡伝達関数は 3 次系になりました。このとき，特性方程式は，3 次方程式

$$s^3 + 2s^2 + 4s + K = 0$$

になります。この方程式を解くことはできないので，ラウス表を作成すると，図 5.20 が得られました。この表の第 2 列から，

$$0 < K < 8$$

のとき，フィードバック制御システムは安定になることがわかります。

s^3	1	4
s^2	2	K
s^1	$\dfrac{8-K}{2}$	
s^0	K	

図 5.20 例題 5.6：ラウス表

5.2 節で，フィードバック制御を行う場合，ハイゲインフィードバックが望ましいとお話ししましたが，この場合にはコントローラのゲイン K を 8 より大きくすると，フィードバック制御システムは不安定になってしまうことがわかります。この例題では一巡伝達関数が 3 次系なので，高域では積分器 3 個が支配的になって，位相が 270° 遅れることがその原因の一つです。現実の世界では，ゲインを大きくしすぎると，一巡伝達関数が 1 次系や 2 次系であっても，むだ時間の存在のために位相が遅れて，フィードバック制御システムが不安定になってしまう可能性があります。このように，フィードバック制御システムでは，制御性能を向上させるためにゲインを大きくしたいという面と，あまり大きくすると不安定になってしまうという面の**トレードオフ**（兼ね合い）をとる必要があります。

そこで，ゲイン K の大きさを変化させたとき，この例題の閉ループ極，すなわち，3 次方程式である特性方程式 (5.21) の三つの根がどのような振る舞いをするのかを図 5.21 に示します。以下では，この図について説明しましょう。

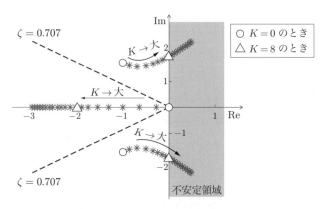

図 5.21 例題 5.6：特性根（閉ループ極）の軌跡

- $K = 0$ のとき，すなわち，フィードバック制御はせずに制御対象とコントローラだけのとき，特性方程式は $s^3 + 2s^2 + 4s = 0$ となり，特性根は $s = 0, -2 \pm \sqrt{3}$ になります。

- $0 < K < 8$ のとき，フィードバック制御システムは安定なので，三つの特性根は左半平面に存在します。そのとき，原点から出発した実根は負の実軸を左側に進み，二つの複素共役根は徐々に虚軸に近づいていきます。

- $K = 8$ のとき，特性方程式は $s^3 + 2s^2 + 4s + 8 = 0$ になります。これは $(s+2)(s^2+4) = 0$ と因数分解できるので，$s = -2, \pm j2$ が得られます。$\pm j2$ に純虚根が存在するので，これは $\omega = 2\,\mathrm{rad/s}$ の正弦波に対応し，この周波数で**持続振動**します。この現象は，第 6 章で述べる PID 制御では，**限界振動**と呼ばれています。この状態を「安定限界」といいます。

- $K > 8$ のとき，二つの複素共役根は右半平面へ入ってしまい，その結果，フィードバック制御システムは不安定になります。

このように，比例ゲイン K の値を変化させて，フィードバック制御システムの安定性や制御性能を調べる方法を**根軌跡法**といいます。

5.3.2　ナイキストの安定判別法

これまで紹介した安定判別法では，安定か不安定かという 0 か 1 かの判別しかできず，どのくらい安定なのかという安定性の度合いを知ることはできませんでした。また，フィードバックシステムにむだ時間が含まれていると，むだ時間は有理多項式表現できない無限次元の関数なので，特性方程式の次数は無限大になってしまい，ラウスの安定判別法のような代数的な方法を適用することが困難でした。このような問題に対処するために，ナイキストは，周波数領域における安定判別法を 1932 年に開発しました。

ナイキストの安定判別法は，一巡伝達関数（開ループ伝達関数）$L(j\omega)$（$\omega = 0 \sim \infty$，あるいは $\omega = -\infty \sim \infty$）のナイキスト線図を描くことにより，フィードバック制御システム（閉ループシステム）の安定性を周波数領域において図的に判別する方法です。従来，ナイキストの安定判別法を利用するためのハードルは，ナイキスト線図がボード線図のように手軽に描けないことでした。しかし，現在では計算機を用いて作図できるので，ほとんど問題ないでしょう。

Point 5.7 ナイキストの安定判別法の注意点

閉ループシステム $W(s)$ の安定性を調べるために，開ループ周波数伝達関数 $L(j\omega)$ のナイキスト線図を描くことです。

[1] 開ループシステムが安定な場合

ナイキストの安定判別法は，開ループシステムが安定な場合と不安定な場合に分けて説明したほうが理解しやすいので，まず，開ループシステムが安定な場合の結果を与えましょう。

Point 5.8 ナイキストの安定判別法 (1)

一巡伝達関数が $L(s)$ であるフィードバック制御システムを考え，$L(s)$ は安定であるとします。これは，制御対象 $P(s)$ とコントローラ $C(s)$ がともに安定であることを意味しています。

$\omega = 0 \sim \infty$ に対する $L(j\omega)$ のナイキスト線図を描きます。図 5.22 に示すように，ω を増加させていったとき，点 -1 を左側に見れば安定であり，右側に見れば不安定です。また，点 -1 上をナイキスト線図が通過するときは安定限界です。

ここで，周波数領域において特性方程式は

$$1 + L(j\omega) = 0$$

で与えられるので，$L(j\omega) = -1$ すなわち，点 -1（図中の＋）が重要な点になります。この点は，大きさが 1，すなわち 0 dB で，位相が $-180°$ に対応します。

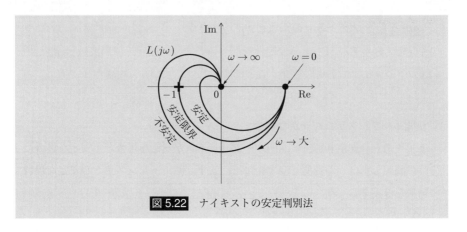

図 5.22　ナイキストの安定判別法

例題を通してナイキストの安定判別法について理解しましょう。

例題 5.7　図 5.23 に示すフィードバック制御システムに，ナイキストの安定判別法を適用してみましょう。制御対象は 3 次系で，コントローラは比例制御です。

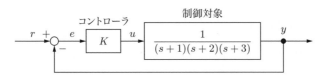

図 5.23　例題 5.7：フィードバック制御システム

特性方程式を解くことにより，$0 < K < 60$ のとき，フィードバック制御システムは安定であることが導かれます。この条件とナイキストの安定判別法の関係を調べていきましょう。

この例題では一巡伝達関数は

$$L(s) = \frac{K}{(s+1)(s+2)(s+3)}, \quad K > 0$$

となり，3 次系です。$K = 10, 60, 120$ に対するナイキスト線図を図 5.24 に示します。$0 \leq \omega < \infty$ の周波数に対する軌跡を描いています。重要な点である負の実軸上の -1 は ＋ で示しています。図より，$K = 10$ のときは安定，$K = 60$ のときは安定限界，$K = 120$ のときは不安定です。

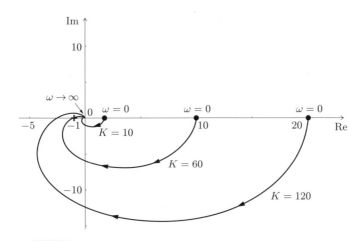

図 5.24 例題 5.7：ナイキスト線図（$K = 10, 60, 120$ のとき）

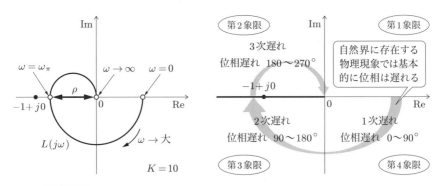

図 5.25 例題 5.7：ナイキスト線図（$K = 10$ のとき）（左），複素平面の象限と位相遅れの関係（右）

　図 5.24 を少し誇張して描いたナイキスト線図を図 5.25（左）に示します。この図は $K = 10$ のときに対応しています。$\omega = 0$ のとき実軸上から出発したナイキスト線図は，まず第 4 象限に入ります。ここは，位相が $0 \sim 90°$ 遅れる領域です。つぎに，第 3 象限（位相が $90 \sim 180°$ 遅れる領域）に入り，最後に第 2 象限（位相が $180 \sim 270°$ 遅れる領域）を通過して，原点に真上から入っていきます。この場合，ナイキスト線図は -1 を左に見て進んでいくので，フィードバック制御システムは安定です。参考のために，図 5.25（右）に複素平面の象限と位相遅れの関係を示します。

K を 10 より大きくしていくと，図 5.24 に示しているように，ナイキスト線図が膨らんでいき，$K = 60$ のときに点 -1 上を通過して安定限界になります。さらに K を増加させると，点 -1 を右に見てしまうので，不安定になります。

図 5.25（左）を見ていると，いろいろなことが考察できます。それを列挙してみましょう。

(1) ナイキスト線図が第 1 象限と第 4 象限に存在していれば，不安定にはならないだろう。

(2) この例題のように，ナイキスト線図が負の実軸と交差する，すなわち，位相が 180° 遅れると，不安定になる可能性が出てくる。

(3) 図中で ρ で示した量，すなわち，原点からナイキスト線図が負の実軸と交わる点までの距離が 1 を超えると不安定になる。

(4) 安定性の度合いを ρ で測れそうだ。

これらの考察についてこれから考えていきますが，読者の皆さんもいろいろ考えたり，調べたりしてください。

例題 5.8 図 5.26 に示すフィードバック制御システムについて考えましょう。この制御対象は 2 次系で，むだ時間 τ〔s〕が存在します。コントローラは $K = 10$ の比例制御です。このときの一巡伝達関数は

$$L(s) = \frac{10e^{-\tau s}}{s^2 + 2s + 3}$$

になります。この例題の目的は，フィードバック制御システムにむだ時間が含まれている場合の安定性について調べることです。

$\tau = 0, 0.218, 0.5$ とした三つの場合のナイキスト線図を図 5.27 に示します。このナイキスト線図は，MATLAB を用いて作図したものを説明用に補正してい

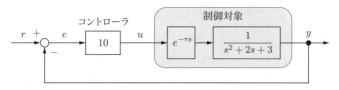

図 5.26 例題 5.8：むだ時間を含むフィードバック制御システム

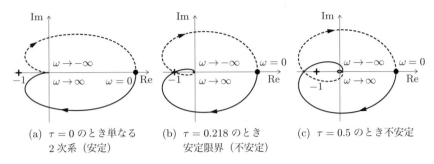

図 5.27　例題 5.8：むだ時間の長さによるナイキスト線図の変化

ます。図では，周波数範囲が $0 \leq \omega < \infty$ の部分を実線で，$-\infty < \omega \leq 0$ の範囲を破線で示しています。一般に，両者は実軸に関して対称になります。負の周波数というのは現実的ではなく，イメージがつかみにくいですが，数学的には負の周波数が存在し，このあとの議論で必要になります。

図 5.27 (a) は $\tau = 0$ なので，むだ時間がなく，単なる 2 次系の場合です。2次系のボード線図を思い出すと，この場合の位相は $-180°$ までしか遅れませんでした。したがって，正の実軸上から出発したナイキスト線図は，第 4 象限を経て第 3 象限に入り，負の実軸から原点を向いた角度で原点に到着します。この場合，ナイキスト線図は決して点 -1 を右に見ないので，必ず安定になります。

つぎに，図 5.27 (b) は $\tau = 0.218$ のときです。むだ時間要素は，大きさが 1で，位相だけを遅らせるものなので，2 次系の制御対象の遅れを $-180°$ よりも遅らせてしまいます。その結果，ナイキスト線図が第 2 象限に入ってしまったことが，図よりわかります。この場合，ちょうど点 -1 を通過して第 2 象限に入っていったので，安定限界です。さらに，ちょっと見にくいですが，ナイキスト線図は原点の近くで，原点を中心に時計回りで回転しながら原点に向かっています。

むだ時間の大きさをさらに大きくして，$\tau = 0.5$ とした場合のナイキスト線図を図 5.27 (c) に示しています。この場合，点 -1 を右に見て第 2 象限に入っているので，この場合は不安定です。

これらの例から，もともと安定なフィードバック制御システムの中にむだ時間が加わり，そして，そのむだ時間が長くなると，不安定になってしまう可能性があることがわかりました。実システムでは，いろいろな要因でむだ時間が制御シ

ステムの中に入ってきます。そのため，フィードバック制御システムを構成するときには，むだ時間の存在を注意深く考慮する必要があります。

[2] 開ループシステムが不安定な場合

たとえば，自転車のような不安定な制御対象をフィードバックコントローラで安定化する場合は，開ループシステムが不安定です。この場合のナイキストの安定判別法を以下に与えましょう。

Point 5.9 ナイキストの安定判別法 (2)

開ループシステム $L(s)$ が不安定なとき，P を $L(s)$ の不安定な極の総数とし，N を $L(s)$ のナイキスト線図（$-\infty < \omega < \infty$）が点 -1 を反時計回りに回る回数とするとき，$N = P$ であれば，フィードバック制御システムは安定です。

例題 5.9 図 5.28 に示すように，不安定な 1 次系を比例制御する場合を考えましょう。この場合，一巡伝達関数は

$$L(s) = \frac{K}{s - 1}, \quad K > 0$$

になります。このときの K の値とフィードバック制御システムの安定性の関係を調べましょう。

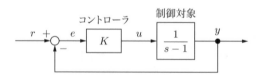

図 5.28 例題 5.9：フィードバック制御による不安定システムの安定化

図 5.29 に $-\infty < \omega < \infty$ に対するナイキスト線図を示します。図では，$K = 0.5, 1, 1.5$ の三つの場合のナイキスト線図を描いています。$K = 1$ のとき，ちょうど点 -1 を通っており，これが安定限界です。では，$K = 0.5$ と $K = 1.5$ のどちらが安定なのでしょうか？ そこで，ナイキストの安定判別法を適用してみましょう。

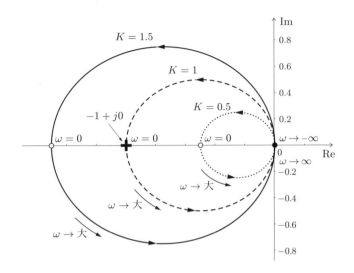

図 5.29 例題 5.9：不安定システムのナイキスト線図

　この制御対象は不安定極 $s = 1$ を一つ持つので，$P = 1$ です。つぎに，$K = 0.5$ のときのナイキスト線図は，点 -1 を反時計回りに一度も回らないので $N = 0$ です。よって，このときは $P \neq N$ なので，不安定です。つぎに，$K = 1.5$ のときは，点 -1 を反時計回りに一度回るので $N = 1$ であり，このときは $P = N$ となり，安定であることがわかります。

　これまで本書で説明してきた開ループが安定な場合には，比例ゲイン K を増加させると不安定になることがありましたが，開ループが不安定な場合には，逆に，比例ゲインを大きくしないと安定化できないようです。この理由について考えてみましょう。

　この例題の閉ループ伝達関数を計算すると，

$$W(s) = \frac{K}{s + (K - 1)}$$

となり，閉ループ極は $s = 1 - K$ です。この閉ループ極が左半平面に存在するときフィードバック制御システムは安定になるので，そのための条件は

$$1 - K < 0, \quad \text{すなわち } K > 1 \tag{5.22}$$

になります。この様子を図 5.30 に示します。

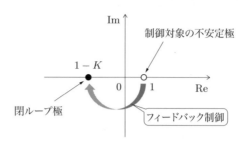

図 5.30　例題 5.9：フィードバック制御による不安定極の安定化

Point 5.10　不安定システムの安定化

不安定システムの安定化とは，不安定システムが持つ右半平面の不安定極を安定な領域である左半平面に移動させることです。そして，極を移動できるのはフィードバック制御だけです。

　ある程度大きいゲインを用いないと，不安定極を安定な領域に移動できないので，この例では $K > 1$ という条件が導出されました。

　すると，つぎの疑問が湧いてくるでしょう。

(1) フィードバック制御によって不安定な閉ループ極を左半平面に移せば安定化できることは理解できるけれど，左半平面のどの位置に閉ループ極を配置させればいいのだろうか？

(2) そもそもフィードバック制御によって閉ループ極を左半平面の任意の場所に配置できるのだろうか？

　(1) は閉ループシステムの「極配置問題」と呼ばれ，制御システムの過渡特性の観点から望ましい位置が知られています。それについては，フィードバック制御システムの過渡特性を扱う 5.4 節で説明します。なお，(1) の疑問は，開ループ伝達関数が安定な場合に対しても同様です。

　(2) については，カルマン（p.211，コラム 6.4 参照）によって提案された「可制御性」の概念が必要になり，本書の範囲を超えてしまいます。これについては，別の機会で説明できればと考えています。

5.3.3 安定余裕

ナイキストの安定判別法では，ナイキスト線図と点 -1 の距離が重要なポイントでした。安定であると判別されても，ナイキスト線図と点 -1 の距離が近い場合，安定性は弱く，不安定に近いと判断するのがよさそうです。そこで，以下では安定性の度合いを定量化する指標として，**安定余裕**，すなわちゲイン余裕と位相余裕を導入します。

Point 5.11　**安定余裕（ゲイン余裕と位相余裕）**

開ループが安定なシステムに対して，図 5.31 (a) に示すボード線図を用いてゲイン余裕と位相余裕を定義しましょう。ナイキストの安定判別法において，s 平面上の重要な点 -1 は，大きさが 1，すなわちゲインが 0 dB で位相が $-180°$ なので，ボード線図においても，ゲイン線図の 0 dB の線と位相線図の $-180°$ の線は重要になります。

例題 5.7 での考察から，一巡伝達関数の位相が $-180°$ のとき，すなわち負の実軸上で大きさが 1 より小さいときは安定です。位相が $-180°$ のときの周波数を，図に示すように ω_π とおきます。そのときのゲインが 0 dB より小さいとき安定になり，0 dB からどれだけ下にあるかが安定性の度合いになります。これを**ゲイン余裕**（gain margin）と定義し，G_M と表記します。ゲイン余裕は下向きが正の方向であることに注意しましょう。

つぎに，一巡伝達関数のゲインが 0 dB のときの周波数を，図に示すように ω_c とし，これを**ゲイン交差周波数**と呼びます。そのときの位相が $-180°$ よりどれだけ大きいか，すなわち，どれだけ上にあるかを**位相余裕**（phase margin）と定義し，P_M と表記します。位相余裕は上向きが正の方向です。

以上では，図 5.31 (a) を用いて閉ループシステムが安定な例を説明しました。一方，図 5.31 (b) は不安定な例を示しています。ゲイン余裕，位相余裕ともに負になっていて，不安定であることがわかります[3]。

---

[3] 昔は「ゲイン余裕」「位相余裕」を「ゲイン余有」「位相余有」と表記した教科書もありました。実は著者も大学時代「余有」という表記で習いました。この表現も昔の制御工学の先生の造語だと思われ，方言問題の一つと見なせるでしょう。どれくらい余りが有るのかというイメージが湧いて，良い言葉ですが，今ではほとんど使われていません。

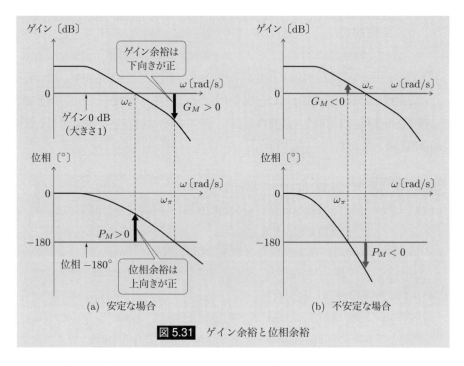

図 5.31　ゲイン余裕と位相余裕

　図 5.31 の (a) と (b) を比べると，両者のゲイン特性は同一です。(b) のほうが
(a) よりも位相遅れが大きいため，不安定になっています。

　図 5.32 に，位相特性は同じで，ゲイン特性が異なる場合を示します。ゲイン
線図で (a) と表記した対象に，比例制御をかけてゲインだけ増大させ，図 (b) の
ボード線図が得られた状況を想定しています。ゲインを増加させることにより，
ゲイン交差周波数 ω_c を高くして，速応性を改善することができますが，位相余
裕が減少して，最終的には不安定になってしまいます。以前お話ししたハイゲイ
ンフィードバックが制御の基本だ，という考えに反してしまいますが，比例制御
はすべての周波数帯域を一律にハイゲインにしてしまうので，不安定になってし
まうのです。たとえば，低周波のゲインだけを大きくして，中周波以降ではゲイ
ンを変化させないような周波数帯域分割制御が必要になってきます。詳しくは第
6 章でお話しします。フィードバック制御システムの設計では，ゲイン特性と位
相特性の両者を見ながら，周波数帯域ごとにバランス良くコントローラを設計し
ていかなければなりません。そのため，試行錯誤を伴う作業になります。

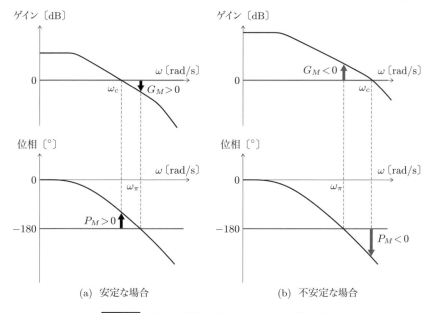

(a) 安定な場合 (b) 不安定な場合

図 5.32 ゲイン特性の違いによる安定余裕の違い

5.3.4 安定なフィードバック制御システム

　フィードバック制御システムが必ず安定になる二つの極端なケースを，図 5.33 に示します。この図のキャプションには，「ゲイン安定」と「位相安定」と書きましたが，これは制御の専門用語ではなく，一部の制御の現場で使われている方言のようなものだと思ってください。

　まず，図 5.33 (a) は一巡伝達関数のゲイン特性 $|L(j\omega)|$ が常に 0 dB（大きさでいうと 1）より小さい場合を示しています。このボード線図より明らかなように，ゲイン交差周波数 ω_c が存在しないので，位相余裕を測ることができず，この場合の位相余裕は $P_M = \infty$ とします。また，ゲインは必ず 0 dB より下にあるので，ゲイン余裕は必ず正，すなわち $G_M > 0$ になります。このような場合には，どんな位相特性であってもフィードバック制御システムの安定性が保証されます。これを**小ゲイン定理**（small gain theorem）といいます。この定理は，ロバスト制御で利用されます。

　つぎに，図 5.33 (b) は一巡伝達関数の位相特性 $\angle L(j\omega)$ が常に $-180°$ より大

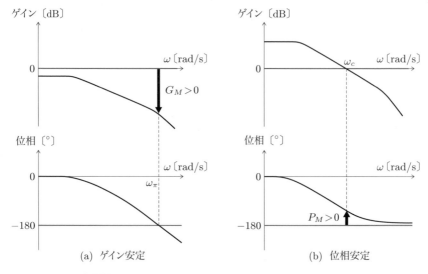

ゲイン〔dB〕

0 ω〔rad/s〕

$G_M > 0$

位相〔°〕

0 ω〔rad/s〕

ω_π

−180

(a) ゲイン安定

ゲイン〔dB〕

0 ω〔rad/s〕

ω_c

位相〔°〕

0 ω〔rad/s〕

$P_M > 0$

−180

(b) 位相安定

図 5.33 フィードバック制御システムが安定な二つの場合

きい場合を示しています。位相が −180° の線と交わらないので，ゲイン余裕を定義することができず，この場合のゲイン余裕は $G_M = \infty$ とします。また，位相は必ず −180° の線より上にあるので，位相余裕は必ず正，すなわち $P_M > 0$ になります。このケースは理想的なケースであり，現実の問題では多かれ少なかれむだ時間に起因する位相遅れが存在するため，位相は必ず −180° より遅れてしまいます。

さて，小ゲイン定理について，図 5.34 を用いてもう少し詳しく説明しましょう。この図は，今考えているフィードバック制御システムのブロック線図です。まず，目標値 r という信号は一巡伝達関数 L を通過して出力 y になります。フィードバックがなければこれで終わりですが，フィードバックがあるため，その信号はフィードバックされ，符号がマイナスになり，また L を通過して $-L^2 r$ になって y に到達し，前の信号に加算されます。その信号はまたフィードバックされ，$L^3 r$ になって，という操作が無限回繰り返されます。これを数式で書くと，

$$y = Lr - L^2 r + L^3 r - \cdots = L(1 - L + L^2 - \cdots)r \tag{5.23}$$

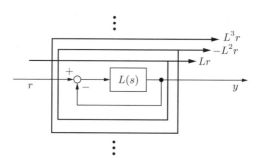

図 5.34 ブロック線図を用いた小ゲイン定理の解釈

のように無限級数の和になります。かっこの中は，初項が 1，公比 $-L$ の等比数列の無限和なので，公式を思い出すと，

$$y = L\frac{初項}{1 - 公比}r = \frac{L}{1 + L}r \tag{5.24}$$

となります。すなわち，目標値 r から出力 y までの閉ループ伝達関数は

$$W(s) = \frac{L(s)}{1 + L(s)}$$

となります。当然のことですが，図 5.18 で示したブロック線図から方程式を立てて導いた結果と，同じものが得られました。ここで，等比数列の無限和が存在する，すなわち等比数列が発散しないためには，公比の大きさが 1 より小さくなければならない，という条件を思い出すと，すべての周波数 ω に対して，条件

$$|L(j\omega)| < 1, \quad \forall \omega \tag{5.25}$$

が導かれます。等比数列が発散しないことは安定であることなので，図 5.33 (a) のように，ゲイン線図が常に 0 dB より下に存在すれば，安定になることが導かれます。

　ただし，式 (5.25) の条件は十分条件であり，この条件を満たさなくてもフィードバック制御システムが安定になる例を見つけることができます。安定余裕を説明した図 5.31 (a) はその一例です。等比数列が実数の場合には公比の大きさが 1 より小さいという条件は必要十分条件ですが，今考えている周波数伝達関数は複素関数なので，大きさだけの条件では不十分で，位相も考えなければならないからです。

2.8 節で，カラオケのハウリングの例を使って不安定現象のお話をしました。ハウリングという不安定現象が起きたときに，アンプのボリューム（すなわち比例コントローラのつまみのようなもの）を下げることは，一巡伝達関数のゲインを小さくすることで，ここで説明した小ゲイン定理を実践することに相当し，制御理論的にも合理的な解決策だったのです。このように，われわれが日常生活で何気なく行っている動作を制御理論で説明することもできます。

5.4 フィードバック制御システムの過渡特性

本節と次節では，フィードバック制御システムの二つの制御性能である過渡特性と定常特性について解説します。まず，本節では過渡特性について述べましょう。

5.4.1 時間領域における過渡特性

図 5.35 に示すおなじみのフィードバック制御システムについて考えます。過渡状態とは，ある状態から別の状態に変化する途中の状態をいいます。時間領域では，目標値 $r(t)$ として単位ステップ信号 $u_s(t)$ を加えたときの制御量 $y(t)$ の時間応答，すなわち**ステップ応答**を用いて過渡特性を評価します。これをステップ応答試験といいます。このとき，目標値 r から制御量 y までの閉ループ伝達関数は次式となります。

$$W(s) = \frac{P(s)C(s)}{1 + P(s)C(s)} = \frac{L(s)}{1 + L(s)} \tag{5.26}$$

ここで想定している状況を図 5.36 に示します。閉ループ伝達関数が $W(s)$ のフィードバック制御システムに単位ステップ信号を印加すると，$W(s)$ はダイナミクスを持っているので，その応答は遅れます。図のように，瞬時に 0 から 1 に遷移するような目標値を加えても，実際の制御量はすぐには 1 になりません。

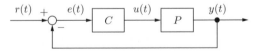

図 5.35 フィードバック制御システムの構成

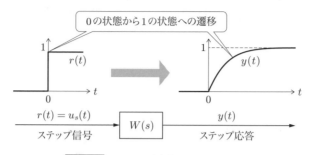

図 5.36 ステップ応答による過渡状態

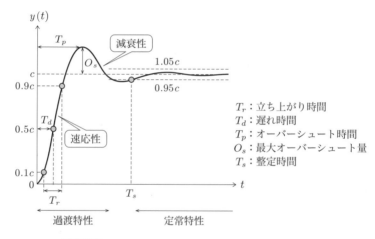

図 5.37 ステップ応答試験による過渡特性と定常特性

この遷移中の状態のことを**過渡状態**といい，これについて調べていきます。

図 5.37 に示す代表的なステップ応答を用いて，過渡特性と定常特性を定義しましょう。まず，ステップ応答の前半の部分が過渡状態であり，それを特徴づける性質を**過渡特性**といいます。同様に，ステップ応答の後半の部分が定常状態であり，それに対応する性質が**定常特性**です。

過渡特性は，どのくらい応答が速いかという**速応性**と，どのくらい速く振動が減衰して一定値に近づくかという**減衰性**に分けられます。図中にいろいろな過渡特性の特徴量を書き込みました。一方，ステップ応答の最終値の ±5 %（あるいは ±2 %）に入ったあとを「定常状態」といいます。

コラム5.2　教室の過渡状態と定常状態

　学校生活において，休み時間を 0（OFF）の状態に，授業時間を 1（ON）の状態に対応づけましょう。授業開始時刻を時刻 $t = 0$ とします。その後，学生たちがどのくらい速く授業を受ける状態に遷移できるか，すなわち，休み時間のザワザワした教室から，教室全体がシーンとなって授業に集中する姿勢へどのくらい速く変化できるかが，過渡特性の速応性と見なすことができます。良いクラスほど，この過渡状態は短いでしょう。そうでないクラスは長いでしょう。極端に悪いクラスは授業時間中すべて過渡状態になってしまうかもしれません。あるいは，それ自体が定常状態なのかもしれませんが，これは制御不能な状態です。

　ついでに，先生が授業開始から 5 分遅刻して教室に入ってきた場合は，ステップ応答にむだ時間が 5 分存在することになります。そのむだ時間分，学生たちは授業を受ける時間が短くなってしまい，不利益を被るので，教育効果，すなわち制御性能は劣化します。

　図 5.37 に示したステップ応答試験より得られた過渡特性の特徴量を，表 5.2 にまとめます。立ち上がり時間 T_r，遅れ時間 T_d は速応性に関する特徴量で，最大オーバーシュート量 O_s は減衰性に関する特徴量です。また，整定時間 T_s は，過渡応答が終了する時刻，すなわち定常応答の開始時刻を示す特徴量です。このような特徴量を定義することで，フィードバック制御システムの過渡特性（速応性と減衰性）を定量的に議論することができます。

　それでは，これまで勉強してきた知識を用いて，閉ループシステムのステップ応答を計算してみましょう。いま，閉ループ伝達関数 $W(s)$ を次式のような n 次系とします。

$$W(s) = \frac{B(s)}{(s - s_1)(s - s_2) \cdots (s - s_n)} \tag{5.27}$$

表 5.2 時間領域における過渡特性の特徴量：ステップ応答試験

特徴量	記号	定　義
立ち上がり時間	T_r	ステップ応答が定常値（c）の 10 ％ から 90 ％ に達する時間
遅れ時間	T_d	ステップ応答が定常値の 50 ％ に達する時間
最大オーバーシュート量	O_s	ステップ応答が定常値を超えた最大値（通常，定常値に対する割合（％）で表される）
オーバーシュート時間	T_p	最大オーバーシュート量に達する時間
整定時間	T_s	ステップ応答が定常値の ± 5 ％（あるいは ± 2 ％）の範囲に落ち着く時間

ただし，$B(s)$ は $(n-1)$ 次以下の多項式です。このとき，$s_i\ (i=1,2,\ldots,n)$ は特性根（閉ループ極）で，ここでは相異なると仮定します。このあと，ラプラス領域でステップ応答を計算する過程で登場する部分分数展開では，伝達関数の分子多項式を因数分解しておく必要はないので，$B(s)$ とおきました。

単位ステップ信号のラプラス変換は $1/s$ なので，これと式 (5.27) を乗じたものが出力であるステップ応答（$y(t)$ とします）のラプラス変換になります。そこで，ラプラス変換のテクニックを使って，つぎのようにステップ応答を計算することができます。

$$
\begin{aligned}
y(t) &= \mathcal{L}^{-1}\left[W(s)\frac{1}{s}\right] \\
&= \mathcal{L}^{-1}\left[\frac{B(s)}{(s-s_1)(s-s_2)\cdots(s-s_n)}\frac{1}{s}\right] \\
&= \mathcal{L}^{-1}\left[\frac{c}{s}+\sum_{i=1}^{n}\frac{\alpha_i}{s-s_i}\right]
\end{aligned}
\tag{5.28}
$$

ここで，c はステップ応答の最終値です。

具体的な数値が入った問題ではないので，式 (5.28) で s_i に対応する留数を α_i とおきました。ちょっと数学っぽくなっていますが，今まで勉強してきたことを一般的に書いただけなので，ぜひ各自確認してください。この逆ラプラス変換を計算すると，

$$y(t) = c + \sum_{i=1}^{n} \alpha_i e^{s_i t}, \quad t \geq 0 \tag{5.29}$$

が得られます。

式 (5.29) において $e^{s_i t}$ は**モード**と呼ばれ，式 (5.29) は**モード展開表現**と呼ばれます。フィードバック制御システムの過渡特性を考える段階では，このフィードバック制御システムが安定であることが前提なので，すべての閉ループ極 s_i は左半平面に存在しています。式 (5.29) より，つぎのことが言えます。

(1) フィードバック制御システムは安定なので，$t \to \infty$ のとき，式 (5.29) の右辺第 2 項は 0 に向かいます。これを**過渡応答**といいます。

(2) 式 (5.29) の右辺第 1 項は，$t \to \infty$ のときの $y(t)$ の最終値（定常値）であり，これを**定常応答**といいます。

Point 5.12　最終値（定常値）

伝達関数が $W(s)$ である線形システムのステップ応答の最終値（定常値）は，$W(0)$ です。

第 3 章で説明したラプラス変換の最終値の定理を思い出すと，

$$\begin{aligned}
c &= \lim_{t \to \infty} y(t) = \lim_{s \to 0} s y(s) = \lim_{s \to 0} s W(s) \frac{1}{s} \\
&= \lim_{s \to 0} W(s) = W(0)
\end{aligned} \tag{5.30}$$

より，このポイントが得られます。

式 (5.29) の右辺第 2 項の過渡応答がなければ，すなわち，静的システムであればステップ応答は瞬時に一定値 c に達します。しかし，システムにダイナミクスが存在すれば，過渡応答が存在し，ステップ応答はある時間遅れて一定値に達します。過渡応答の挙動を決定するのが，モード $e^{s_i t}$ の指数部分，すなわち，閉ループ極 s_i の s 平面内での位置であることがわかります。

5.4.2　ラプラス領域における過渡特性

前項で述べたように，フィードバック制御システムの過渡応答は，閉ループ伝達関数 $W(s)$ の極の位置に依存します。もちろんこの閉ループ極は左半平面に

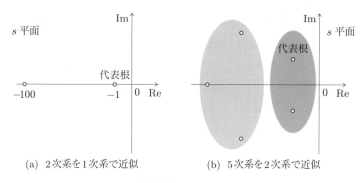

(a) 2次系を1次系で近似   (b) 5次系を2次系で近似

図 5.38　代表根法

存在していますが，そのどこにあるかによって，過渡応答は違ってきます。たとえば，図 5.38 (a) に示すような二つの実極を持つシステムを考え，この伝達関数を

$$G(s) = \frac{100}{(s+1)(s+100)}$$

とします。これを逆ラプラス変換してインパルス応答を求めると，

$$g(t) = \frac{100}{99}(e^{-t} - e^{-100t})u_s(t)$$

となります。このインパルス応答は二つのモード e^{-t} と e^{-100t} を持ち，後者は前者に比べてより速く 0 に収束します。したがって，

$$g(t) \approx \frac{100}{99}e^{-t}u_s(t) \approx e^{-t}u_s(t)$$

と近似することができます。このことは，もとの 2 次系を 1 次系

$$\hat{G}(s) = \frac{1}{s+1}$$

で近似したことに対応します。

　s 平面上の原点からの距離が固有周波数，すなわち速さに対応する，と以前お話ししました。原点から遠い極の過渡応答は，すぐに 0 に収束してしまうのです。上記の近似はその極の影響を無視しても全体の応答にはあまり影響しない，という事実に基づいています。この例では，二つある極のうち $s = -1$ を代表根として，$s = -100$ を無視しました。

ここでは，2次系を1次系に近似する例を紹介しましたが，通常の高次系（3次以上のシステム）を2次系に近似して，過渡応答を解析することがよく行われています。たとえば，5次系を2次系で近似したものを図 5.38 (b) に示します。図では，左半平面に存在する五つの極のうち，原点に近い二つの複素共役根を代表根として2次系で近似することを示しています。このような近似法を**代表根法**といいます。

代表根法はかなり大胆な近似のように見えますが，実際の制御システム設計では，次数の高い伝達関数で制御対象をモデリングすることは必ずしも得策ではなく，「ほど良い次数」でモデリングすることが重要です。

以下では，$W(s)$ がつぎの2次遅れ要素で近似できる場合を考えましょう。

$$W(s) = \frac{\omega_n^2}{s^2 + 2\zeta\omega_n s + \omega_n^2} = \frac{s_1 s_2}{(s - s_1)(s - s_2)} \tag{5.31}$$

これは，代表根として s_1, s_2 を選んだ場合に相当します。表 5.3 に，前項で述べた時間領域におけるステップ応答の特徴量と，2次系で近似した場合の物理量との関係をまとめます（それぞれの式の導出は省略）。このような関係があることを覚えておき，必要があればこの表を活用してください。この表で注目すべき点

表 5.3 ステップ応答の特徴量と2次系の物理量の関係

特徴量	計算式（近似式）
立ち上がり時間	$T_r \approx \dfrac{2.16\zeta + 0.6}{\omega_n} \quad (0.3 \leq \zeta \leq 0.8)$
遅れ時間	$T_d \approx \dfrac{0.7\zeta + 1}{\omega_n}$
オーバーシュート時間	$T_p \approx \dfrac{\pi}{\omega_n \sqrt{1 - \zeta^2}}$
オーバーシュート量	$O_s = \exp\left(-\dfrac{\pi\zeta}{\sqrt{1 - \zeta^2}}\right)$
	$O_s \approx \exp\left(1 - \dfrac{\zeta}{0.6}\right) \quad (0 < \zeta < 0.6)$
5％整定時間	$T_s \approx \dfrac{3}{\zeta\omega_n}$

は，5 ％ 整定時間の値が

$$T_s \approx \frac{3}{\zeta \omega_n}$$

で近似できることです。2 次遅れ要素を規定する固有周波数と減衰比の二つの物理量は，それぞれ速応性と減衰性を特徴づけていますが，整定時間はそれらの積で決まる量です。

　以上では，フィードバック制御システムの過渡特性は，閉ループ伝達関数の極（分母多項式の情報）に関係することを説明してきました。極は過渡応答に対して最も影響を与えますが，極と同様に零点も過渡応答に影響を与えます。以下では，このことを説明します。しかし，理論的にはちょっと難しく，本書のレベルを超えているので，初学者はこの項の残りを飛ばしてもよいでしょう。

　つぎの二つの伝達関数を用いて，零点による過渡応答の違いを見ていきましょう。

$$W_1(s) = \frac{s+1}{s^2+s+1}, \quad W_2(s) = \frac{-s+1}{s^2+s+1} \tag{5.32}$$

この二つの伝達関数の分母（すなわち，極）は同じですが，分子（すなわち，零点）が違います。$W_1(s)$ の零点は $s = -1$ と左半平面にあり，$W_2(s)$ のそれは $s = 1$ と右半平面にあります。このとき，前者を「安定な零点」，後者を「不安定な零点」といいます。

　いま，$W_2(s)$ はつぎのように変形できます。

$$W_2(s) = \frac{s+1}{s^2+s+1} \frac{-s+1}{s+1} = W_1(s)H(s) \tag{5.33}$$

安定な極零相殺は許されるので，このような変形をしました。式 (5.33) から $W_2(s)$ と $W_1(s)$ は関係がありそうです。そこで，それらを関係づける

$$H(s) = \frac{-s+1}{s+1} \tag{5.34}$$

の周波数伝達関数

$$H(j\omega) = \frac{-j\omega+1}{j\omega+1} \tag{5.35}$$

を調べてみましょう。これは複素数の除算なので，複素共役の関係にある分子と分母を極座標表現しておきます。

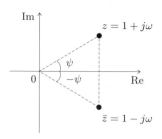

図 5.39　全域通過関数を構成する複素関数

$$1 - j\omega = \sqrt{1+\omega^2}\,e^{-j\psi}, \quad 1 + j\omega = \sqrt{1+\omega^2}\,e^{j\psi} \tag{5.36}$$

ここで，$\psi = \arctan\omega$ とおきました。この分子と分母の複素数を図 5.39 に示します。両者は複素共役なので，大きさは同じで，位相は符号が違うだけです。

式 (5.36) を式 (5.35) に代入すると，

$$H(j\omega) = \frac{\sqrt{1+\omega^2}\,e^{-j\psi}}{\sqrt{1+\omega^2}\,e^{j\psi}} = e^{-j2\psi} = e^{-j2\arctan\omega} \tag{5.37}$$

となり，周波数伝達関数 $H(j\omega)$ の大きさは常に 1 で，位相が $2\arctan\omega$ 遅れることがわかります。この位相遅れは，周波数の増加に対して単調増加します。このように大きさが常に 1 で，位相だけを変化させる性質を持つ伝達関数 $H(s)$ を**全域通過関数**，あるいは「全域通過フィルタ」といいます。全域通過関数についてつぎにまとめておきましょう。

Point 5.13　全域通過関数

全域通過関数を直列接続すると，大きさは変えずに位相だけを遅らせる働きをします。これはフィードバック制御システムにおいて，望ましくない働きです。

この観点で式 (5.33) を見ると，$W_2(s)$ は $W_1(s)$ と同じゲイン特性を持ちますが，位相特性は $W_2(s)$ のほうが遅れていることがわかります。このとき，$W_1(s)$ を最小位相系，$W_2(s)$ を非最小位相系と呼びます。最小位相系とは，同じゲイン特性を持つ伝達関数の中で，位相遅れが最小なものを意味します。ここでは，最

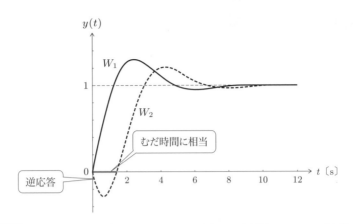

図 5.40 最小位相系 W_1（実線）と非最小位相系 W_2（破線）のステップ応答の比較

小位相系は，位相遅れが少ないという良い性質を持った伝達関数であることを理解してください。

　この二つの伝達関数を持つシステムのステップ応答を比較したのが，図 5.40 です。図から明らかなように，W_2 では最初，逆の方向へ応答してから目標とする値へ向かっています。この応答は**逆応答**と呼ばれ，非最小位相系特有の現象の一つです。逆応答がある分だけ応答が遅れており，これは**むだ時間**に相当します。

　4.6.8 項で学んだむだ時間の周波数伝達関数 $e^{-j\omega\tau}$ は，大きさが 1 で位相だけ遅れるので，全域通過関数だったのです。ただ，次数が無限大でした。今回登場した全域通過関数は，1 次系なので，むだ時間の有理伝達関数の近似と考えることができます。これはむだ時間の**パデ近似**として知られており，この例は次式に対応します。

$$e^{-\tau s} \approx \frac{1 - \tau \dfrac{s}{2}}{1 + \tau \dfrac{s}{2}} \tag{5.38}$$

5.4.3　周波数領域における過渡特性

　本書で考えている制御システム設計問題の対象である閉ループシステムを図 5.41 に示します。周波数領域においては，目標値 r を入力したとき制御量 y

---

コラム 5.3　逆応答の例：自動車の左折

　日常生活においても，逆応答の例を見つけることができます。たとえば，自動車を運転しているときに左折する場合を考えましょう。

　ベテランドライバーであれば，ハンドルを左に切るだけですが，初心者のうちは左折が怖いので，余裕を持つためにいったんハンドルを右に切って，ちょっとふくらんでから左に切ることがあるでしょう。これは逆応答の例であり，明らかに「むだ」な動きです。

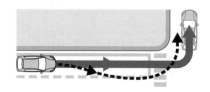

図 5.41　閉ループシステム

を生成するフィルタ $W(j\omega)$（閉ループ周波数伝達関数）を設計する問題と見なすこともできます。

　制御目的は $y(t) = r(t)$ ですから，フィルタは次式となることが理想です。

$$W(j\omega) = 1, \quad \forall \omega \tag{5.39}$$

　すなわち，位相遅れがない全域通過フィルタが設計できればよいのですが，すべての周波数 ω に対して，式 (5.39) が成り立つことは現実には不可能なので，ある周波数 ω_b まで通過させる低域通過フィルタを設計することになります。そして，この ω_b が高いほど，良い追従性を持つ制御システムだと言えます。このように，制御工学とフィルタ設計とは密接な関係があります。

Point 5.14　フィードバック制御システムの設計

　フィードバック制御システムの設計問題は，一種の低域通過フィルタの設計問題です。

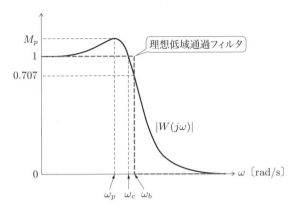

図 5.42 閉ループ伝達関数の振幅特性

そこで，代表的な閉ループ伝達関数の振幅特性を図 5.42 に示します[4]。ここで，定常ゲインは 1 としました。

図には，理想低域通過フィルタの振幅特性も破線で描いています。ω_b までの周波数の正弦波はそのまま通し，それ以上高い周波数の正弦波はまったく通さないという理想的な低域通過フィルタです。このようなフィルタを物理的に実現することはできないので，振幅特性が定常ゲインの $1/\sqrt{2} \approx 0.707$ 倍（デシベルで表すと約 -3 dB）になる周波数で低域通過フィルタの通過帯域を表現します。この周波数を，低域通過フィルタの**バンド幅** ω_b と呼びます。図に示したこれらの特徴量を，表 5.4 にまとめます。

表 5.4 周波数領域における過渡特性の特徴量

特徴量	記号	定　義
バンド幅	ω_b	閉ループゲインが定常ゲインの 0.707 倍（-3 dB）になる周波数
ゲイン交差周波数	ω_c	閉ループゲインが定常ゲインと等しくなる周波数
共振周波数	ω_p	閉ループゲインが最大になる周波数
ピークゲイン	M_p	閉ループゲインの最大値

---

[4] あまり大きな意味はないのですが，ここではフィルタという面を強調したかったので，縦軸は dB ではなく，普通の線形スケールで描きました。

　時間領域での過渡特性の評価に用いたステップ信号では，時刻 $t = 0$ で瞬時に 0 から 1 に変化する際にさまざまな周波数の正弦波が入力されます。そのため，バンド幅よりも高い周波数成分を通すことができず，過渡状態が生じてしまうのです。

Point 5.15　インパルス信号の周波数特性

単位インパルス信号 $\delta(t)$ をフーリエ変換すると，

$$\delta(j\omega) = 1, \quad \forall \omega$$

となります。これより，「インパルス信号はすべての周波数成分を含んでいる」ことがわかります。ここで，「すべての周波数成分を含む」という表現は，「すべての周波数の正弦波から構成されている」という意味です。

　線形システムを時間領域で記述する第一歩は，システムにインパルス信号を入力することでした。インパルス信号はすべての周波数成分を含んでいるので，周波数領域から見ても理想的な入力信号だったのです。

Point 5.16　ステップ信号の周波数特性

単位ステップ信号は，0 から 1 に値が変化したその瞬間にすべての周波数成分を含んでいます。しかし，一定値に達すると，$\omega = 0$，すなわち直流成分しか含んでいません。

　バンド幅 ω_b を高くすればするほど，速応性は向上します。これは時間領域においては，立ち上がり時間 T_r や遅れ時間 T_d が短くなることを意味しています。

　図 5.42 において M_p は**ピークゲイン**と呼ばれ，図では，その大きさは 1 より大きくなっています。このときは，共振により，時間応答波形に振動が生じます。M_p が大きくなりすぎると，振動の減衰が悪くなるので，$M_p < 1.3$ にするべきだと言われています。もちろん，応用例によっては，閉ループ伝達関数が共振ピークを持たないようにすることもあります。

5.5 フィードバック制御システムの定常特性

前節では，フィードバック制御システムの過渡特性を見てきました。本節では，フィードバック制御システムの定常特性を調べていきましょう。

5.5.1 定常偏差

本節では，図 5.43 に示すフィードバック制御システムを対象とします。この図では，目標値 r と外乱 d が外部から入力される信号で，制御量である y が出力なので，2 入力 1 出力システムになります。ブロック線図から数式を立てると，

$$y(s) = P(s)(d(s) + C(s)(r(s) - y(s)))$$

が導かれ，これを計算すると，

$$y(s) = \frac{P(s)C(s)}{1 + P(s)C(s)}r(s) + \frac{P(s)}{1 + P(s)C(s)}d(s) \tag{5.40}$$

が得られます。偏差は

$$e(s) = r(s) - y(s) \tag{5.41}$$

と書けるので，これを式 (5.40) に代入すると，

$$e(s) = \frac{1}{1 + P(s)C(s)}r(s) - \frac{P(s)}{1 + P(s)C(s)}d(s) \tag{5.42}$$

が得られます。このあたりの計算は，読者の皆さんも紙と鉛筆を使って確認してください。

本節のテーマはフィードバック制御システムの定常特性です。時間が十分経過したとき，すなわち $t \to \infty$ のとき，式 (5.42) の偏差（これを**定常偏差**といいま

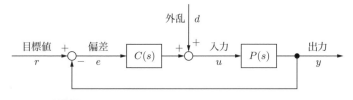

図 5.43 本節で取り扱うフィードバック制御システム

す）が 0 になるかどうかが最大の関心事です。偏差信号 $e(t)$ をずーっと観測しているのは大変なので，3.3.3 項で述べたラプラス変換の最終値の定理を使って，

$$\lim_{t \to \infty} e(t) = \lim_{s \to 0} se(s) \tag{5.43}$$

の右辺を評価することにしましょう。

5.5.2　目標値に対する定常偏差

　本書では線形システムを対象としているので，重ね合わせの理が成り立ちます。重ね合わせの理を使うと，式 (5.42) において，目標値 r の影響と外乱 d の影響を別々に考えることができます。そこで，本項では $d(t) = 0$ として，目標値の影響だけを考えましょう。このとき，式 (5.42) は，

$$e(s) = S(s)r(s) \tag{5.44}$$

と書くことができます。ここで，

$$S(s) = \frac{1}{1 + P(s)C(s)} = \frac{1}{1 + L(s)} \tag{5.45}$$

とおきました。この $S(s)$ は**感度関数**と呼ばれます。式 (5.44) より，もしも $S(s) = 0$ になるようにコントローラ $C(s)$ を設計できたら，どのような目標値 r に対しても偏差 e は 0 になります。しかし，前述した，$W(s)$ を全域通過フィルタにすることはできない理由と同じで，これはできません。制御では感度を低くすることがうれしいことを，ここでは覚えておいてください。これを**低感度化**といいます。低感度化を別の言葉で表現すると，**ロバスト化**（少々のことでは動じない，頑丈になることを意味します）[5]になります。これはロバスト制御理論でのメインテーマになります。

　式 (5.43)～(5.45) より，定常偏差は次式で計算されます。

$$\lim_{t \to \infty} e(t) = \lim_{s \to 0} se(s) = \lim_{s \to 0} s\frac{1}{1 + L(s)}r(s) \tag{5.46}$$

この式から，定常偏差は目標値 r と一巡伝達関数 L に依存することがわかります。ちょっと一般的に議論したいので，$L(s)$ を次式のように置きます。

---

[5] ロバスト性とは「鈍感力」と言ってもいいでしょう。

$$L(s) = \frac{K}{s^p} \cdot \frac{(\text{いくつかの 1 次進み要素}) \text{ の積}}{(\text{いくつかの 1 次遅れ要素}) \text{ の積}} \cdot \frac{(\text{いくつかの 2 次進み要素}) \text{ の積}}{(\text{いくつかの 2 次遅れ要素}) \text{ の積}}$$

$$(5.47)$$

この式は，比例ゲイン K，p 個の積分器 $1/s^p$，1 次遅れ要素，1 次進み要素，2 次遅れ要素，2 次進み要素の直列接続を表しています。式 (5.47) において，定常特性に関わる項は最初の K/s^p だけであり，それ以外の項は $s = 0$ を代入するとすべて 1 になり，影響を与えません。

この準備のもとで，制御システムの型を定義しましょう。

Point 5.17 制御システムの型

一巡伝達関数 $L(s)$ に含まれる積分器の数 p によって，定常特性の観点から制御システムをつぎのように分類します。

- $p = 0$ のとき「0 型の制御システム」
- $p = 1$ のとき「1 型の制御システム」
- $p = 2$ のとき「2 型の制御システム」

0 型のシステムを**定位系**といい，1 型以上のシステムを**無定位系**と呼ぶこともあります。

$L(s)$ の形を決めたので，つぎは目標値 $r(t)$ を限定しましょう。ここでは，単位ステップ信号 $u_s(t)$，単位ランプ信号 $tu_s(t)$，そして単位加速度信号 $0.5t^2 u_s(t)$ の 3 種類の目標値を考えます。

[1] 目標値が単位ステップ信号の場合

単位ステップ入力 $r(t) = u_s(t)$ に対する定常偏差を**定常位置偏差**といい，ε_p と表記します。$r(s) = 1/s$ なので，式 (5.46) より，定常偏差はつぎのように計算されます。

$$\varepsilon_p = \lim_{s \to 0} s \frac{1}{1 + L(s)} \frac{1}{s} = \lim_{s \to 0} \frac{1}{1 + L(s)} = \lim_{s \to 0} \frac{1}{1 + \dfrac{K}{s^p}}$$

$$= \lim_{s \to 0} \frac{s^p}{s^p + K} \tag{5.48}$$

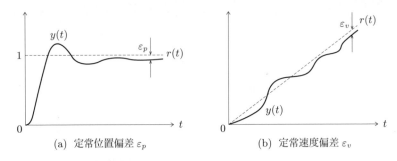

図 5.44　定常位置偏差 ε_p と定常速度偏差 ε_v

まず，0 型の制御システム（$p=0$）のとき，

$$\varepsilon_p = \frac{1}{1+K} \tag{5.49}$$

となり，図 5.44 (a) に示すように，定常位置偏差 ε_p が生じます。一方，$p \geq 1$ のときには $\varepsilon_p = 0$ となり，定常位置偏差は生じません。すなわち，制御システムが 1 型，2 型の場合には定常位置偏差は 0 となります。このようなシステムを**サーボ系**といいます。

　式 (5.49) でゲイン K を任意に大きくすれば，ε_p をいくらでも小さくすることができます。これはハイゲインフィードバックです。しかし，比例ゲインはすべての周波数でのゲインを一律に増加させてしまうので，前述したように位相余裕がなくなり，不安定化してしまいます。いま，目標値の単位ステップ信号は，定常状態では直流成分（$\omega = 0$ における成分）しか持っていません。一巡伝達関数が積分器を 1 個持っていれば，積分器は目標値が持つ周波数 $\omega = 0$ で無限大のハイゲインを持つので，定常偏差を 0 にすることができるのです。

Point 5.18　ハイゲインフィードバック

目標値が持つ周波数に焦点を当てて，ハイゲインフィードバックする点がコントローラ設計のポイントです。

[2] 目標値が単位ランプ信号の場合

　単位ランプ入力 $r(t) = tu_s(t)$ に対する定常偏差を**定常速度偏差**といい，ε_v と表記します。$r(s) = 1/s^2$ なので，

$$\varepsilon_v = \lim_{s \to 0} s \frac{1}{1 + L(s)} \frac{1}{s^2} = \lim_{s \to 0} \frac{1}{1 + L(s)} \frac{1}{s} = \lim_{s \to 0} \frac{1}{s + \dfrac{K}{s^{p-1}}}$$

$$= \lim_{s \to 0} \frac{s^{p-1}}{s^p + K} \tag{5.50}$$

となります。これより，$p = 0$ のとき $\varepsilon_v = \infty$，$p = 1$ のとき $\varepsilon_v = 1/K$ となり（図 5.44 (b) に $p = 1$ の場合を示します），いずれの場合も定常速度偏差を生じます。一方，$p \geq 2$ 以上のときには $\varepsilon_v = 0$ となり，定常速度偏差を生じません。

[3] 目標値が単位加速度信号の場合

加速度入力 $0.5t^2 u_s(t)$ に対する定常偏差を**定常加速度偏差**といい，ε_a と表記します。$r(s) = 1/s^3$ なので，

$$\varepsilon_a = \lim_{s \to 0} s \frac{1}{1 + L(s)} \frac{1}{s^3} = \lim_{s \to 0} \frac{1}{1 + L(s)} \frac{1}{s^2} = \lim_{s \to 0} \lim_{s \to 0} \frac{1}{s^2 + \dfrac{K}{s^{p-2}}}$$

$$= \lim_{s \to 0} \frac{s^{p-2}}{s^p + K} \tag{5.51}$$

となります。これより，$p = 0, 1$ のとき $\varepsilon_a = \infty$，$p = 2$ のとき $\varepsilon_a = 1/K$ となり，いずれの場合も定常加速度偏差を生じてしまいます。一方，$p \geq 3$ のときには $\varepsilon_a = 0$ となり，定常加速度偏差を生じません。しかし，フィードバック制御システムの安定性の観点から見れば，積分器が 3 個存在すると，すべての周波数において位相が $270°$ 遅れてしまい，望ましくありません。そのため，積分器を 3 個つけることはめったにありません。

以上の結果を表 5.5 にまとめます。

表 5.5　制御システムの型と定常偏差の関係

型	定常位置偏差 ε_p	定常速度偏差 ε_v	定常加速度偏差 ε_a
0	$\dfrac{1}{1 + K}$	∞	∞
1	0	$\dfrac{1}{K}$	∞
2	0	0	$\dfrac{1}{K}$

例題を通して定常偏差に対する理解を深めましょう。

例題 5.10 図 5.45 に示すフィードバック制御システムを考えます。このシステムが安定で，定常位置偏差が 0.1 以下になるように，コントローラの比例ゲイン K を求める問題を考えましょう。ただし，$K > 0$ とします。

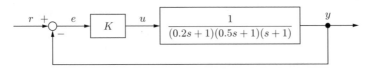

図 5.45 例題 5.10

まず，このフィードバック制御システムは，制御対象が3次系で，それをゲイン K の比例コントローラで制御しています。このときの一巡伝達関数は，

$$L(s) = \frac{K}{(0.2s + 1)(0.5s + 1)(s + 1)}$$

です。この問題を解く前に，つぎの2点が観察できます。

- 0 型の制御システムなので，定常位置偏差が存在する。
- 3次遅れ系なので，高域で三つの積分器が支配的になり，最終的に位相が 270° 遅れる。そのため，ゲインの大きさによっては，閉ループシステムが不安定になる可能性がある。

それでは，特性方程式を立てましょう。

$$1 + L(s) = 1 + \frac{K}{(0.2s + 1)(0.5s + 1)(s + 1)} = 0$$

これより，

$$s^3 + 8s^2 + 17s + 10(1 + K) = 0$$

となるので，ラウス表を作成すると図 5.46 が得られます。これを解くと，安定条件は次式のようになります。

$$0 < K < 12.6$$

コラム 5.4　サーボ機構

サーボ機構は，フランスのジーン・J・L・ファルコ（Jean J. L. Farcot, 1824〜1908）が，1868年に「サーボモータ」という用語を用いたことに始まります[1]。彼は，船の操舵機構としてサーボモータを利用することを提案し，1872年にはフランス海軍の小型船に彼のサーボモータが使われました。サーボの語源はラテン語の servus（英語では slave，すなわち奴隷）です。奴隷は主人の命令どおりに動くことからこの用語が使われ始めたようです。

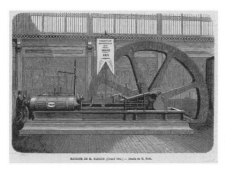

Ducuing, F. (ed.):
L'Exposition universelle de 1867 v.2

ファルコが開発し，1867年のパリ万博に出展された水平蒸気機関

1934年には，アメリカのハロルド・ハゼン（Harold L. Hazen, 1901〜1980）が，サーボ機構の原理と高性能サーボ機構の設計に関する2編の論文を発表しました。当時，マサチューセッツ工科大学（MIT）で計算機の設計を行っていたウィナーらが高精度な追従装置を必要としていたことが，ハゼンの研究の背景にありました。1930年代後半から世界中が第二次世界大戦に巻き込まれて行く中で，サーボ機構の研究開発もこの戦争とは切り離せず，レーダーと高射砲の結合によるサーボ機構の研究が進められました。この研究は，制御工学の発展に多大な影響を与えました。

20世紀に入り，船から航空機の時代になると，航空機用サーボ機構が精力的に研究されるようになりました。現在でも，ラジコンやロボットなどのメカトロニクスで，サーボモータは大活躍しています。

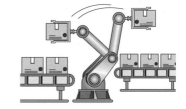

[1] 1868年はマクスウェルの論文が発表された年です。

s^3	1	17
s^2	8	$10(1+K)$
s^1	$\dfrac{8\cdot17-10(1+K)}{8}$	
s^0	$10(1+K)$	

図 5.46　ラウス表

　つぎに，定常位置偏差の条件

$$\varepsilon_p = \lim_{s\to0}\frac{1}{1+L(s)} = \frac{1}{1+K} \leq 0.1 \tag{5.52}$$

より，$K \geq 9$ が得られます。以上より，

$$9 \leq K < 12.6$$

が得られます。この例題の特性根（閉ループ極）の根軌跡（K を 0 から増加させていったときの特性根の軌跡）を図 5.47 に示します。まず，$K = 0$ のとき，特性方程式は

$$s^3 + 8s^2 + 17s + 10 = (s+1)(s+2)(s+5) = 0$$

となるので，特性根は $s = -1,\,-2,\,-5$ となり，安定な負の実極からスタートします。その後，K を増加させると，$s = -5$ の極は負の実軸を左方向に向かい

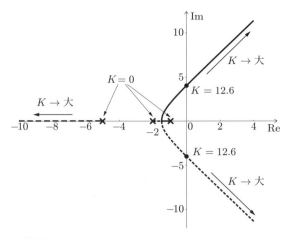

図 5.47　例題 5.10：特性根（閉ループ極）の根軌跡

ます。一方，$s = -1$ と $s = -2$ の二つの実極は互いに近づき，$s = -1.5$ で合流し（そのときは重根です），その後，上下に分岐して複素共役根を構成します。$K = 12.6$ のときが安定限界で，この二つの複素共役根は虚軸上に存在し，**持続振動**します。それ以上 K を増加させると，右半平面に入っていき，不安定になります。

この例題から，つぎのことがわかります。

(1) 定常位置偏差のような制御性能を向上させるためには，制御ゲイン K を増加させるべきですが，あまり K を増加させると，フィードバック制御システムが不安定化してしまいます。このように，制御性能と安定性の間には，**トレードオフ**が存在します。そのため，制御システム設計では，チューニング（調整）という試行錯誤が避けられません。

(2) この例では，設計仕様を満たす比例ゲインを見つけることができましたが，$\varepsilon_p \leq 0.01$ のように，より厳しい定常特性を要求されたら，それを満たす K は存在しません（各自，確かめてください）。その場合には，比例制御だけでなく，積分制御を加えるなど，コントローラの構造を，より複雑にする必要があります。

5.5.3 外乱に対する定常偏差

本項では，図 5.43 のフィードバック制御システムにおける，外乱 d に対する定常偏差を考えます。そのために，$r = 0$ とおくと，式 (5.42) は，

$$e(s) = -\frac{P(s)}{1 + L(s)}d(s) \tag{5.53}$$

となります。この外乱による定常偏差 ε は，目標値のときと同様に，次式のように計算できます。

$$\varepsilon = \lim_{t \to \infty} |e(t)| = \lim_{s \to 0} |se(s)| = \lim_{s \to 0} \left| s\frac{-P(s)}{1 + L(s)}d(s) \right|$$
$$= \lim_{s \to 0} s\frac{P(s)}{1 + L(s)}d(s) \tag{5.54}$$

ここで，定常偏差は大きさで評価するので，式 (5.54) では絶対値をとりました。式 (5.54) から，ε は外乱の種類ならびに $P(s)$ と $C(s)$ に依存しますが，前項と

同様の手順で ε を計算することができます。目標値の場合と異なる点は，外乱の場合，ε は外乱が加わる位置に依存することです。そこで，例題を通して外乱に対する定常偏差 ε の計算法を見ていきましょう。

例題 5.11 図 5.48 に示すフィードバック制御システムを考えます。まず，それぞれの外乱から偏差までの伝達関数を計算しましょう。$d_2(t) = 0$ のとき，e は

$$e(s) = -\frac{P(s)}{s + P(s)C(s)}d_1(s) \tag{5.55}$$

となります。つぎに，$d_1(t) = 0$ のとき，e は

$$e(s) = -\frac{s}{s + P(s)C(s)}d_2(s) \tag{5.56}$$

となります。当たり前ですが，外乱の入る位置によって，それぞれの伝達関数の形は異なってきます。

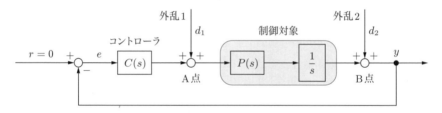

図 5.48 例題 5.11

具体的に，2次遅れ要素の制御対象と比例制御のコントローラが，それぞれ

$$P(s) = \frac{1}{(s+1)(10s+1)}, \quad C(s) = K \ (> 0)$$

のように与えられた場合を考えます。このとき，式 (5.55) は，

$$e(s) = -\frac{\dfrac{1}{(s+1)(10s+1)}}{s + \dfrac{K}{(s+1)(10s+1)}}d_1(s) = -\frac{1}{10s^3 + 11s^2 + s + K}d_1(s)$$

になります。いま，A 点に $d_1(t) = u_s(t)$ のステップ外乱が加わったときの定常偏差を計算すると，

$$\varepsilon_1 = \lim_{t \to \infty} |e_1(t)| = \lim_{s \to 0} \left| -\frac{1}{10s^3 + 11s^2 + s + K} \right| = \frac{1}{K} \tag{5.57}$$

が得られ，定常偏差が残ります。

一方，式 (5.56) は，

$$e(s) = -\frac{s}{s + \dfrac{K}{(s+1)(10s+1)}} d_2(s) = -\frac{(10s+1)(s+1)s}{10s^3 + 11s^2 + s + K} d_2(s)$$

となります。B 点に $d_2(t) = u_s(t)$ のステップ外乱が加わったときの定常偏差を計算すると，

$$\varepsilon_2 = \lim_{t \to \infty} |e_2(t)| = \lim_{s \to 0} \left| -\frac{(10s+1)(s+1)s}{10s^3 + 11s^2 + s + K} \right| = 0 \tag{5.58}$$

が得られ，この場合は定常偏差はありません。このように，ステップ外乱が A 点に加わると定常偏差が生じますが，B 点に加わると生じません。このことは，つぎのポイントと関連しています。

Point 5.19 外乱除去特性

オペアンプなどの多段増幅器の場合，後段になるに従って，雑音（外乱）除去特性が良くなることが知られています。この例題でも，出力端に近いところに外乱が入ったときのほうが外乱抑制能力が高いことがわかりました。

一方，目標値応答を考えると，一巡伝達関数に積分器を 1 個含んでいるので，目標値に対しては 1 型制御システムです。

別の例題を考えましょう。

例題 5.12 図 5.49 に示すフィードバック制御システムを考えます。この例でも，目標値は $r = 0$ として，外乱 d の影響を調べます。図において，制御対象は 1 次系

$$P(s) = \frac{2}{s+1}$$

であるとし，現実の問題（交流電源雑音）を意識して，周波数 $\omega = 1$ の正弦波外乱 $d(t) = \sin t$ を考えます。

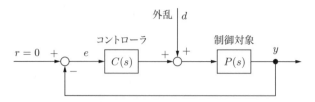

図 5.49　例題 5.12：内部モデル原理

まず，$C(s) = 1$ のときの定常偏差を調べてみましょう。偏差は，

$$e(s) = -\frac{P(s)}{1+L(s)}d(s) = -\frac{2}{(s+3)(s^2+1)} \tag{5.59}$$

となります。この式は虚軸上に極を持つので，これまでの例題のように最終値の定理を適用することができません。3.3.3 項で述べたように，最終値の定理は，左半平面にすべての極を持つ場合にしか適用できないのです。なぜならば，虚軸上，あるいは右半平面に極が存在すると，対応する信号（時間関数）が振動的になるか，あるいは発散してしまい，最終値が存在しないからです。

そこで，式 (5.59) を部分分数展開すると，

$$e(s) = -\frac{0.2}{s+3} - \frac{0.6}{s^2+1} + \frac{0.2s}{s^2+1}$$

が得られます（導出は省略します）。これを逆ラプラス変換すると，

$$e(t) = -0.2e^{-3t} - 0.6\sin t + 0.2\cos t, \quad t \geq 0$$

となります。この右辺第 1 項は過渡項なので，偏差の定常応答は

$$\lim_{t \to \infty} e(t) = -0.6\sin t + 0.2\cos t = \sqrt{0.4}\sin\left(t - \arctan\left(\frac{1}{3}\right)\right)$$

$$\approx 0.6325\sin(t - 0.3218) \tag{5.60}$$

となります。ここで，次式に示す三角関数の合成定理を用いました。

$$a\cos\theta + b\sin\theta = \sqrt{a^2+b^2}\sin\left(\theta + \arctan\left(\frac{a}{b}\right)\right)$$

この結果より，定常偏差は 0 にならずに，正弦波状に振動します。

式 (5.60) の結果を考察しましょう。正弦波外乱 $d(t) = \sin t$ から偏差 $e(t)$ までの伝達関数を用いて偏差を計算したら，式 (5.60) の正弦波が出てきたのは，周

図 5.50 例題 5.12：正弦波外乱から偏差までの線形システム

波数応答の原理を思い出せば，当然の結果です。なぜならば，図 5.50 に示すように，入力信号が外乱 $d(t)$ で，出力信号が偏差 $e(t)$ である線形システムに正弦波を入力すると，同じ周波数の正弦波しか出力されないからです。出力正弦波の振幅は 0.6325 になっているので，もとの外乱の振幅 1 よりはいくぶん小さくなりました。コントローラの比例ゲイン（今は $K = 1$ ですが）を増加させれば，この振幅はより小さくなるでしょう。しかし，完全には 0 になりません。

そこで，天下り的ですが，つぎのコントローラを適用してみましょう。

$$C(s) = \frac{s(s+1)}{s^2+1} \tag{5.61}$$

このときの偏差は，

$$e(s) = -\frac{2}{s^3 + 3s^2 + 3s + 1} = -\frac{2}{(s+1)^3}$$

となります。これより，すべての極は左半平面に存在するので，最終値の定理を適用することができます。すると，

$$\lim_{s \to 0} s|e(s)| = \lim_{s \to 0} \left| -\frac{2s}{(s+1)^3} \right| = 0$$

となり，定常偏差は 0 になります。なぜこんなことができるのでしょうか？ この理由を調べてみましょう。

この例題では，

$$L(s) = P(s)C(s) = \frac{2}{s+1}\frac{s(s+1)}{s^2+1} = \frac{2s}{s^2+1}$$

なので，d から e までの伝達関数を計算すると，

$$-\frac{P(s)}{1+L(s)} = -\frac{\dfrac{2}{s+1}}{1+\dfrac{2s}{s^2+1}} = -\frac{(s^2+1)\dfrac{2}{s+1}}{s^2+2s+1} = -\frac{2(s^2+1)}{(s+1)^3} \tag{5.62}$$

が得られます。周波数領域を考えるために，$s = j\omega$ として，外乱正弦波の周波数 $\omega = 1$ を代入，すなわち，$s = j$ を式 (5.62) の最後の式の分子に代入すると，$2(j^2 + 1) = 0$ になります。つまり，周波数 $\omega = 1$ のとき，この伝達関数のゲインは完全に 0 になるのです。そのため，この周波数の正弦波外乱が入ってきても偏差にはその影響がまったく現れないのです。外乱から偏差までの伝達関数を 0 にできるということは，その周波数において無限大のゲインを持つフィードバックを行っていることに対応します。すなわち，その周波数においてハイゲインフィードバックを達成しているのです。

　この事実を一般化したものが，つぎの内部モデル原理です。

Point 5.20　内部モデル原理

　一巡伝達関数 $L(s) = P(s)C(s)$ に外乱信号，あるいは目標値信号のモデル（外乱・目標値信号のラプラス変換の分母多項式）を含ませることによって，定常偏差を 0 にすることができます。

　この例では，外乱が周波数 $\omega = 1$ の正弦波だったので，その信号のラプラス変換の分母は $s^2 + 1$ でした。この多項式を分母多項式に持つコントローラを式 (5.61) で設計したので，正弦波外乱を完全に除去することができたのです。

　定常位置偏差を 0 にできる 1 型サーボ系では，一巡伝達関数に積分器 $1/s$ を含んでいます。これは，追従すべきステップ信号のラプラス変換 $1/s$ と同じものを選んだためにこうなったのです。ステップ信号は定常状態では一定値なので，直流成分しか含んでいません。積分器は $\omega = 0$ で無限大のゲインを持っているので，直流成分に完全に追従することができるのです。

コラム 5.5 　　地図（モデル）を持って制御の旅に出よう

　著者が大学生だった 1979 年に『地球の歩き方』（ダイヤモンド社）が発行され，当時の若者はそれを持って世界中へ旅に出かけました。インターネットや Wi-Fi などない時代でしたから，ガイドブックの地図が頼りでした。

　制御システム設計においても，制御対象のモデルや外乱のモデルを知っていると，それを利用して巧みな制御をすることができます。たとえば，制御対象のモデルの逆システムを利用したフィードフォワード制御法を 5.2.1 項で紹介しました。また，本節では外乱のモデルを内部モデルとしてフィードフォワード的に利用し

て，外乱の影響を完全に打ち消す方法を紹介しました。このように，制御工学においてモデルは旅の地図に相当します。そして，「制御」が気になっている人への「制御の歩き方」になればと思い，「制御の地図」を作成することを目指して本書を執筆しました。

　さらに，制御対象のモデルがその真価を発揮するのは，いわゆるモデルベースト制御と呼ばれる，アドバンストなフィードバック制御のときなのです。その代表である現代制御やモデル予測制御については，別の機会にお話しできればと思っています。

第6章

制御システムのデザイン

Modeling

Analysis → **Design**

　いよいよ制御システムのデザイン，すなわち，コントローラの設計を学ぶとき
がやってきました。本章では，まず制御システム設計のための設計仕様（スペッ
ク）を与えます。つぎに，制御システムデザインの方法として，古典制御を代表
する PID 制御とループ整形法について学びます。

6.1　制御システムデザインのための仕様

　まず，どのような制御システムを設計したいのかを定量的に示す必要がありま
す。すなわち，**設計仕様**（design specification; スペック）を明確にしなければ
なりません。これには大きく分けて二つのアプローチがあります。一つは開ルー
プ特性に対する設計仕様で，これは一巡伝達関数 $L(s)$ の望ましい形を与える方
法です。もう一つは閉ループ特性に対する設計仕様で，速応性と減衰性の過渡特
性について，時間領域，ラプラス領域，周波数領域で，これまでに学んできた特
徴量を用いて定量的に表現します。

6.1.1　開ループ特性に対する設計仕様

　これまで何度も述べてきたように，フィードバック制御システムで設計したい
のは閉ループシステムです。しかし，古典制御では開ループ特性である一巡伝達
関数

$$L(s) = P(s)C(s) \tag{6.1}$$

が前面に出てきます。ここでは，一巡伝達関数の周波数伝達関数 $L(j\omega)$ を用いて，コントローラの設計を行う方法を紹介します。

式 (6.1) において，$P(s)$ は制御対象なので既知であるとします。制御対象の伝達関数 $P(s)$ を求めるステップは「制御対象のモデリング」と呼ばれ，実問題では時間と経験が必要な重要なステップです。しかし，ここではそのステップは終わっていて，$P(s)$ は利用できる状態であると仮定します。制御対象のモデリングについては，別の機会に述べられればと思っています。そして，$L(s)$ の望ましいゲイン特性 $|L(j\omega)|$ の形状を，図 6.1 のように与えます。この図の意味については，このあとで説明します。

式 (6.1) より，

$$C(s) = \frac{L(s)}{P(s)} \tag{6.2}$$

なので，$P(s)$ は既知，$L(s)$ のゲイン特性だけ既知という条件で，式 (6.2) からコントローラが計算できそうな気がします。これが基本となる設計方程式です。一巡伝達関数 $L(s)$ は複素関数なので，ゲイン特性と位相特性を持ちますが，図 6.1 では $L(s)$ のゲイン特性しか与えていないので，式 (6.2) から一意的にコ

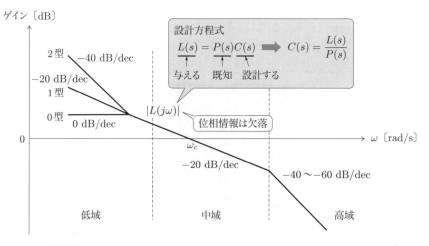

図 6.1 望ましい一巡伝達関数 $L(j\omega)$ のゲイン特性の形状（シェイプ）

ントローラを求めることはできません。コントローラ $C(s)$ の構造とパラメータを試行錯誤的に調整することによって，フィードバック制御システムを設計していくことになります。このとき，$L(j\omega)$ の形状（シェイプ）を周波数領域で，すなわち，ボード線図上で整形して望ましい形状にしていくことから，この設計方法は「**ループ整形**（loop shaping）による制御システム設計」と呼ばれます。

式 (6.2) より，コントローラ $C(s)$ には制御対象の逆システム $P^{-1}(s)$ が含まれています。これは以前お話ししたフィードフォワードコントローラの設計法に通じるところがあって，興味深いところです。

古典制御による制御システム設計のポイントをまとめておきましょう。

> **Point 6.1** 古典制御の基本は周波数帯域分割
>
> 古典制御では，図 6.1 のように一巡伝達関数の周波数特性を低域，中域，高域の三つの周波数帯域に分割して考えます。

オーディオが好きな方でしたら，低音を受け持つウーファー，中音を受け持つミッドレンジ，そして高音を担当するツィーターからなる 3 ウェイスピーカーを連想されるでしょう（図 6.2）。電気・電子・通信工学の分野では，このように周波数帯域を分割して処理することがしばしばあります。

それぞれの周波数帯域における一巡伝達関数 $L(j\omega)$ の望ましい形状と，それを得るために必要な対策を表 6.1 にまとめます。この表について，以下で詳しく説明しましょう。

提供：オンキヨー株式会社

図 6.2 3 ウェイスピーカー

表 6.1 周波数帯域分割制御

周波数帯域	役 割	対 策	制御法
低周波数帯域	定常特性	ゲインの大きさを大きくする	位相遅れ，比例
中周波数帯域	安定性	ω_c 付近でゲインの傾きを -20 dB/dec にする	位相進み 比例
	速応性	ω_c を増加させる	
	減衰性	ω_c における位相余裕を大きくとる	
高周波数帯域	雑音除去	ゲインの傾きを $-40 \sim -60$ dB/dec にする	遅れ要素の追加

低周波数帯域：この帯域は定常特性担当です．特に，直流である $\omega = 0$ は $t \to \infty$ に対応し，そのときのゲインの大きさで定常特性が決まります．このゲインは大きければ大きいほど良く，それは低周波数帯域におけるゲインの傾きに依存します．第 5 章では，この傾きにより制御システムの型を，0 型（0 dB/dec），1 型（-20 dB/dec），2 型（-40 dB/dec）の三つに分類しました．目標値の種類に応じてこれらの制御システムを使い分けることになります．ただし，2 型制御システムは積分器を 2 個含み，常に位相は $-180°$ 遅れてしまうので，安定性の観点から積極的に使うべきではありません．また，低周波数帯域では，位相遅れ制御を適用して定常特性の改善を図ります．

中周波数帯域：図 6.1 のゲイン交差周波数 ω_c 付近の帯域のことです．この帯域は，制御システム設計において最も重要な周波数帯域で，安定性，速応性，減衰性を担当します．安定性を確保するために，ω_c 付近でゲインの傾きが -20 dB/dec になるように設計します．前述したように，ゲインの傾きが -40 dB/dec より急になると，その周波数において位相が $180°$ 以上遅れてしまい，制御系が不安定になる可能性があるからです．また，速応性を向上させるためには，ω_c を増加させる必要がありますが，そうすると，減衰性を決める位相余裕が減少してしまいます．このように，速応性と減衰性は相反する要求です．この帯域では，位相進み制御と比例制御を用いて，安定性を保持したまま，過渡特性の改善を図ります．

高周波数帯域：この帯域は雑音除去やモデルの不確かさへの対策を担当します。一般的な制御対象は，高域になるにつれてゲインが減少する低域通過特性を持っています。一方，白色雑音はすべての周波数帯域で同じ大きさを持ちます。そのため，高域では，制御対象よりも雑音の大きさが支配的になります。そこで，高域では雑音などの影響を受けにくくするために，ゲインの傾きを $-40 \sim -60 \, \mathrm{dB/dec}$ にとり，ゲインの減衰量を大きくする必要があります。

以上で述べた望ましい一巡伝達関数の形状は，主にプロセス制御システムのようなゲイン特性が単調に減少するシステムを対象にしたものです。後述する減衰比が小さい振動系などでは，場合によると，何度もゲイン特性が $0 \, \mathrm{dB}$ のラインを交差し，その都度，位相余裕を考える必要が生じるため，より慎重な検討が求められます。

本書で何度もお話ししてきましたが，もう一度，つぎのポイントを強調しておきましょう。

Point 6.2 一巡伝達関数 $L(s)$ の重要性

フィードバック制御システム，すなわち閉ループシステムを解析したり設計したりするとき，古典制御理論では，閉ループ伝達関数 $W(s)$ ではなく，開ループ特性である一巡伝達関数 $L(s)$ を利用することが特徴です。たとえば，周波数領域においてフィードバック制御システムの安定性を調べるときには，一巡伝達関数のボード線図やナイキスト線図を描きました。そして，ここで説明したように，フィードバック制御システムを設計するためにも一巡伝達関数のループ整形を行います。

6.1.2　閉ループ特性に対する設計仕様

閉ループ特性の特徴量をそれぞれの領域でリストアップすると，つぎのようになります。

- 時間領域（ステップ応答）：立ち上がり時間 T_r，遅れ時間 T_d，オーバーシュート量 O_s，整定時間 T_s

- ラプラス領域（閉ループ極配置）：減衰比 ζ，固有周波数 ω_n
- 周波数領域（閉ループ周波数伝達関数）：ピークゲイン M_p，バンド幅 ω_b

閉ループシステムのそれぞれの特徴量が，速応性，減衰性，定常特性のいずれに対応するかを表 6.2 にまとめます。表では，一巡伝達関数を用いた開ループ特性の特徴量も併せて示しました。ここで，ω_c はゲイン交差周波数，G_M, P_M はそれぞれゲイン余裕と位相余裕で，K は定常ゲインです。また，$\varepsilon_p, \varepsilon_v, \varepsilon_a$ はそれぞれ定常位置偏差，定常速度偏差，定常加速度偏差です。制御システムが 0 型のときは ε_p は有限の値をとり，1 型以上の場合には ε_p は無限大になります。

つぎに，閉ループシステムの極をどこに配置すべきかを示したのが，図 6.3 です。それぞれの図でグレーの部分が，閉ループ極の望ましい配置場所です。まず，図 6.3 (a) は，速応性の観点から見た望ましい極配置です。2 次遅れ要素の標準形では，原点から極までの距離が固有周波数 ω_n に対応することを思い出すと，原点からの距離が遠いほど応答が速くなります。そのため，半径を ω_n とし

表 6.2 設計仕様と特徴量

	閉ループ特性			開ループ特性
	時間領域	ラプラス領域	周波数領域	周波数特性
速応性	T_r, T_d	ω_n	ω_b	ω_c
減衰性	O_s	ζ	M_p	G_M, P_M
定常特性	$\varepsilon_p, \varepsilon_v, \varepsilon_a, T_s$			K

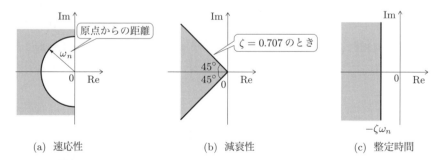

(a) 速応性　　　　　(b) 減衰性　　　　　(c) 整定時間

図 6.3 望ましい閉ループ極配置（速応性，減衰性，整定時間の観点から）

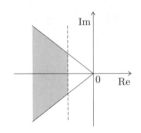

図 6.4 望ましい閉ループ極配置

た半円よりも遠いところに閉ループ極を配置すべきです。つぎに，図 6.3 (b) は減衰性の観点から見た望ましい極配置です。原点から 2 本の直線が引かれていますが，それらは 2 次遅れ要素の標準形で減衰比が $\zeta = 0.707$ に対応します。これらの直線よりも虚軸に近くなると，ζ の値が小さくなり，振動的な応答になってしまいます。最後に，図 6.3 (c) は整定時間の観点から見た望ましい極配置です。95 ％ 整定時間が，

$$T_s \approx \frac{3}{\zeta \omega_n}$$

で与えられること，そして，$-\zeta \omega_n$ は $0 < \zeta < 1$ の不足制動のときの 2 次遅れ要素の極の実部であることを思い出すと，実部が $-\zeta \omega_n$ である虚軸に平行な直線を引くことができます。この直線よりも左側に閉ループ極が存在すれば，整定時間は短くなります。

以上の議論を総合すると，図 6.4 のグレーの部分に閉ループ極を配置することが望ましいことになります。問題は，閉ループ極をこの望ましい位置に配置するためのコントローラの設計法は何なのか？ になります。これに対する直接的な回答を古典制御では持っておらず，現代制御理論の状態フィードバック制御による極配置法を待たなくてはなりません。これについても，別の機会に述べられればと思います。

6.2 制御システムデザインの方法

本節では，古典制御の代表的なコントローラ設計法である PID 制御とループ整形法を紹介しましょう。

6.2.1 PID 制御の構造

さまざまなフィードバック制御システム設計法が提案されていますが，その中で実用に供しているものの約 80 % 以上が，本節で述べる **PID 制御**であると言われています。特に，温度，圧力，流量などを一定に保つ，**定値制御**（「レギュレーション」（regulation）とも呼ばれます）を目的とし，外乱抑制に重点を置く化学工学，製鉄などの**プロセス制御**の分野では，対象のモデリングが困難であるため，現在においても PID 制御のニーズは高いようです。

PID 制御の構成を図 6.5 に示します。本書で説明してきたように，制御対象 $P(s)$ に PID コントローラ $C(s)$ を直列接続します。これを**直列補償**といいます。PID コントローラの中では，**比例**（Proportional）動作，**積分**（Integral）動作，**微分**（Derivative）動作が並列接続されています。この三つの頭文字をとって「PID 制御」と呼ばれています。

以下では，PID 制御の部分集合である P 制御，PI 制御，PD 制御の順に説明し，最後に PID 制御を解説します。そのあと，PID 制御のパラメータ調整法であるジーグラ・ニコルス法について説明します。

[1] P 制御

PID 制御の最も単純な場合は，本書でこれまでしばしば登場した**比例制御**（**P 制御**）です。このとき，コントローラは

$$C_P(s) = K_P \tag{6.3}$$

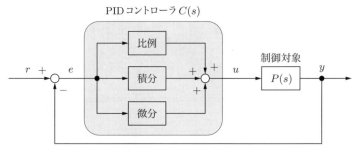

図 6.5 PID 制御システム

コラム 6.1　PID 制御

　PID 制御の原型は，19 世紀後半に，スイスのチューリッヒ工科大学（現在のスイス連邦工科大学，ETH）のオーレル・ストドラ（Aurel Stodola, 1859〜1942）によって提案され，水力発電所の水車調速システムに実装されました。ストドラは安定判別（5.1.2 項）で登場したフルビッツの同僚で，本書ではよく登場する**時定数**という用語を導入した人でもあります。20 世紀に入って PID 制御の研究を行ったのは，ロシア生まれのニコラス・ミノルスキー（Nicolas Minorsky, 1885〜1970）でした。彼は米国に移住し，ジャイロコンパスを用いた船の自動操縦機構の開発にも従事しました。そして，1922 年に PID 制御に関する理論的な論文を発表しました。

　PID 制御（3 項制御とも呼ばれます）が有効であることは，当時，現場で認識され始めていましたが，三つの制御パラメータの調整法に関する指針がありませんでした。1930 年代後半，米国の二つの計測器メーカーがこの制御パラメータの調整法を提案し，PID 制御の実用化に大きく貢献しました。そのうちの 1 社であるテイラーインスツルメント社は 1939 年に空気圧コントローラに「プリセット」（これは微分動作です）という新機能を追加した "Fulscope 100" という製品を発売しました（下の左の写真）。この商品をきっかけに，テイラーインスツルメント社は三つの制御パラメータの調整法に関する研究に着手し，その成果として，1942, 43 年にジョン・ジーグラとナサニエル・ニコルスにより開発されたジーグラ・ニコルス法が有名です。

　参考までに，右の写真に真空管技術を用いた最初の電気式コントローラ（1951）を示します。

（左）テイラーインスツルメント社が開発した PID コントローラ "Fulscope 100"（1939），（右）Swartwout 社が開発した，真空管技術を用いた最初の電気式コントローラ（1951）

で与えられます。制御対象 $P(s)$ に積分器が含まれていなければ，P 制御では 0 型の制御システムになるので，定常位置偏差を 0 にすることはできません。その対応として，定常位置偏差を小さくしようとして比例ゲイン K_P を大きくし

すぎると，これまで説明してきたように，フィードバック制御システムが不安定になることもあります。

[2] PI 制御

つぎは積分動作を加えて，伝達関数が

$$C_{\mathrm{PI}}(s) = K_P + \frac{K_I}{s} = K_P \left(1 + \frac{1}{T_I s}\right) \tag{6.4}$$

である PI 制御を考えます。ここで，$T_I = K_P/K_I$ を**積分時間**と呼びます。PI 制御はその構造が並列なので，式 (6.4) は和の形で書かれていますが，通分すると，

$$C_{\mathrm{PI}}(s) = K_P \frac{T_I s + 1}{T_I s} \tag{6.5}$$

となり，比例要素，積分要素，1 次進み要素の直列接続として表されます。PI 制御のボード線図を図 6.6 に示します。上図は，それぞれの要素ごとにゲイン特性を描き，ボード線図上で足し合わせる様子を示しており，中図は，その結果得られた PI 制御のゲイン線図です。折点周波数は $\omega = 1/T_I$ で，それより低い周波数では積分特性を，それより高い周波数では比例特性 K_P を持ちます。下図より，位相は $-90°$ から始まり，$0°$ に向かうことがわかります。

PI 制御を用いることにより，制御対象に積分器がなくても 1 型制御システムになるので，定常位置偏差は 0 になります。このように，PI 制御は低域において定常特性を改善するために利用されます。このとき，比例ゲイン K_P と積分時間 T_I が調整すべき制御パラメータです。

[3] PD 制御

つぎは，P 制御に微分動作を加えて，伝達関数が

$$C_{\mathrm{PD}}(s) = K_P + K_D s = K_P \left(1 + T_D s\right) \tag{6.6}$$

である PD 制御を考えます。ここで，$T_D = K_D/K_P$ を**微分時間**と呼びます。

式 (6.6) はインプロパーなので，1 次遅れ要素を用いて，次式のように**プロパー化**する必要があります。

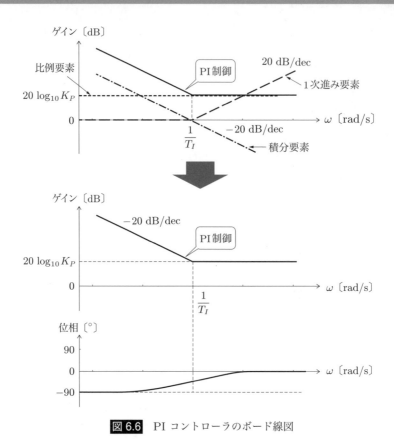

図 6.6 PI コントローラのボード線図

$$C'_{\mathrm{PD}}(s) = K_P \frac{T_D s + 1}{\dfrac{T_D}{p} s + 1} \tag{6.7}$$

ここでは，これを**近似 PD 制御**と呼びます。p は $3 \leq p \leq 20$ とすることが多く，通常 $p = 10$ とすればよいでしょう。これは折点周波数を 10 倍に選ぶとよいという経験則ですが，このような **10 倍則**は，制御に関わらずいろいろな分野で存在しているようです。

　PD 制御と近似 PD 制御のボード線図を図 6.7 に示します。上図は PD コントローラを比例要素，1 次進み要素，1 次遅れ要素に分解して，それぞれのゲイン特性を描き，和をとったものです。そして，中図はその結果です。下図は位相特性で，近似 PD 制御では 0° から始まり，90° に向かい，そして 0° に戻って

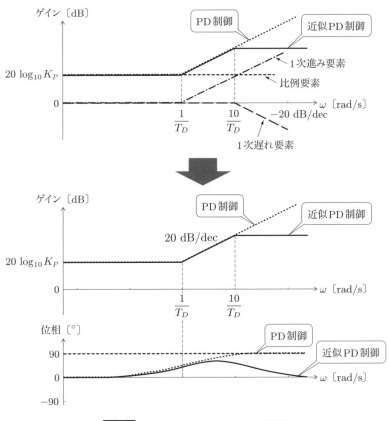

図 6.7 PD コントローラのボード線図

きています。折点周波数は $\omega = 1/T_D$ で，それより低い周波数では比例特性を，それより高い周波数では微分特性を持ちます。近似 PD 制御では，周波数の増加とともにゲインが増大することを防ぐために（言い換えると，プロパー化するために），$\omega > 10/T_D$ では比例特性を持つように，1 次遅れ要素を加えています。PD 制御を用いると，中周波数帯域において位相余裕を確保することにより，速応性の向上を図ることができます。

[4] PID 制御

いよいよ **PID 制御**です。PID コントローラの伝達関数は，

$$C_{\mathrm{PID}}(s) = K_P + \frac{K_I}{s} + K_D s = K_P\left(1 + \frac{1}{T_I s} + T_D s\right) \tag{6.8}$$

となります。ここで，T_I は積分時間，T_D は微分時間です。式 (6.8) を変形すると，つぎのようになります。

$$
\begin{aligned}
C_{\mathrm{PID}}(s) &= \frac{K_P}{T_I s}\left((T_I s + 1)(T_D s + 1) - T_D s\right) \\
&= \frac{K_P(T_I s + 1)(T_D s + 1)}{T_I s} - K_P\frac{T_D}{T_I}
\end{aligned}
\tag{6.9}
$$

この式の右辺第 2 項は定数なので，右辺第 1 項に着目してボード線図を描くと，図 6.8 が得られます（結果だけを示しました）。二つの折点周波数が積分時間と微分時間に対応しているため，見通しは良さそうです。図より，低周波数帯域では積分動作による定常特性の改善，中周波数帯域では微分動作による安定性の確保と速応性の向上を図ることができます。この図は微分器をそのまま用いた PID 制御のボード線図ですが，実際には近似微分器を用いて高周波数帯域でゲインを一定値にします。高域でゲインが大きいと，雑音の影響を増幅してしまうので，実用上問題になるためです。

　PID 制御を二つの違った表現でまとめておきましょう。

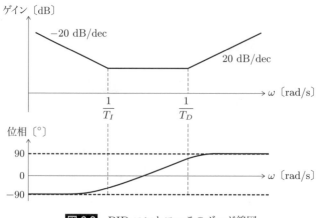

図 6.8 PID コントローラのボード線図

Point 6.3 PID 制御の役割分担

PID 制御の比例動作は全周波数帯域，積分動作は低周波数帯域，微分動作は中周波数帯域に対応しています。そのため，積分動作は定常特性，微分動作は過渡特性（速応性と減衰性）と安定性を担当します。

Point 6.4 PID 制御は現在・過去・未来

PID 制御の比例動作は「現在」，積分動作は「過去」，微分動作は「未来」の情報に対応しています。というのは，比例動作は現時刻だけの情報を，積分動作は過去から現在まで蓄積（積分）された情報を，微分動作は未来への変化率（微分）の予測情報を用いています。

本書では，古典制御は直列接続に適していることをこれまで強調してきました。一方，並列接続については詳しく述べてきませんでした。しかし，PID 制御の構造は並列接続なので，ボード線図上での一巡伝達関数を用いた調整（チューニング）は，ここまでに学んだ知識ではちょっと難しそうです。そこで，つぎの問題は，PID コントローラの三つの制御パラメータ K_P, T_I, T_D をどのように調整するかになります。もともと人間がカラオケ装置のボリュームなどの「つまみ」を回しながら，直感的にチューニングできるパラメータ数はせいぜい三つくらいなので，PID 制御は，その意味からも利用するオペレータ（人間）の感覚に合っているとも言えるでしょう。

6.2.2 PID チューニング

コラム 6.1 (p.186) で紹介した，テイラーインスツルメント社が発売した PID コントローラ "Fulscope 100" の適用先は，主にプロセス制御システムでした。プロセス制御システムはそのダイナミクスが複雑で，制御対象のモデルを構築することが難しかったので，いわゆる**モデルベースト制御**（model-based control）を適用することができませんでした。そのため，実機から測定できる応答データに基づいて，三つの制御パラメータを調整（チューニング）する二つの方法を，ジーグラとニコルスが提案しました。ここでは，それらについて説明しましょう。

[1] 限界感度法

1942 年に，安定限界におけるフィードバック制御システムの振る舞いに基づいて PID 制御パラメータを調整する方法を，ジーグラとニコルスが考案しました。これは，ジーグラとニコルスの**限界感度法**と呼ばれています。その結果を表 6.3 にまとめます。まず，P 制御の場合には，そのゲイン K_P を徐々に増加させていくと，システムの応答はしだいに振動的になっていき，あるところでその応答が周期 T_C で持続振動をする安定限界に達します。この現象は，これまで本書でも見てきました（たとえば，例題 5.6 を見てください）。この状態を**限界振動**といいます。限界振動におけるゲインを K_C とすると，P 制御では $0.5K_C$ を比例ゲインとすべきである，というのがこの表の見方です。表から，PI 制御の場合には，比例ゲインと積分時間が計算でき，PID 制御の場合には，比例ゲイン，積分時間，微分時間が計算できます。

この方法が提案された時代は，まだディジタル計算機が世の中に出る前ですから，計算機の中で制御対象のモデルを使って，シミュレーションしながらコントローラを設計するのではなく，実機を用いて制御パラメータを直接調整していました。

表 6.3 限界感度法による PID ゲインの調整

制 御	比例ゲイン K_P	積分時間 T_I	微分時間 T_D
P 制御	$0.5K_C$	—	—
PI 制御	$0.45K_C$	$0.833T_C$	—
PID 制御	$0.6K_C$	$0.5T_C$	$0.125T_C$

[2] ステップ応答法

制御対象のステップ応答が，定常ゲイン K，時定数 T，むだ時間 L の三つのパラメータで特徴づけられる場合，すなわち，(むだ時間) + (1 次遅れ) の伝達関数

$$P(s) = \frac{K}{Ts+1}e^{-Ls} \tag{6.10}$$

で，制御対象が近似できる場合を想定します。図 6.9 にこのときのステップ応答

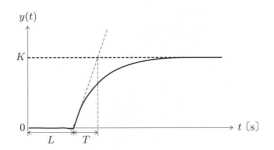

図 6.9 むだ時間 + 1 次遅れ系によるステップ応答の近似

の一例を示します。図に示すように，定常ゲイン K は応答の最終値であり，むだ時間 L は時間 0 からステップ応答が立ち上がる時間です。この図から K と L を読み取ることができます。時定数 T は，4.4 節の 1 次遅れ要素のステップ応答のところで説明したように，ステップ応答が立ち上がるところで，曲線に接線を引き，それが最終値 K と交差する時間から，図に示したように読み取ることができます。このように図から読み取った三つのパラメータの値から PID 制御パラメータを決定する方法を，ジーグラとニコルスが 1943 年に考案しました。これはジーグラとニコルスの**ステップ応答法**と呼ばれます。表 6.4 にその結果をまとめます。

図 6.9 には綺麗な曲線のステップ応答波形が描かれていますが，実際には実機でステップ応答試験を行ってこの波形を計測するので，雑音などにより，でこぼこした波形になるでしょう。その波形から K, T, L を読み取るわけですから，この方法では大まかな値しかわからず，その後の調整はオペレータ（人間）に委

表 6.4 ステップ応答法による PID ゲインの調整

制 御	比例ゲイン K_P	積分時間 T_I	微分時間 T_D
P 制御	$\dfrac{T}{KL}$	—	—
PI 制御	$\dfrac{0.9T}{KL}$	$3.33L$	—
PID 制御	$\dfrac{1.2T}{KL}$	$2L$	$0.5L$

提供：東芝インフラシステムズ

図 6.10 PID コントローラの商品の一例

ねられていました。

Point 6.5 PID 制御はモデルフリー制御

前章まで，制御対象のモデルは，制御対象の時間応答や周波数応答，対象の安定性，過渡特性，定常特性などを知る上で非常に重要だと述べてきました。しかし，1940 年代に提案された PID 制御パラメータの調整法では，モデルを使わずに，いきなり実機で比例ゲインを増加させる実験やステップ応答試験をして，制御パラメータを決定しています。PID 制御は，実はモデルベースト制御ではなく，モデルを利用しないモデルフリー制御なのです。

本項では PID 制御の基本的なお話をしました。その後，I-PD 制御など，さまざまな構成の PID 制御が提案され，それらの制御パラメータのチューニングについても研究されています。また，ジーグラ・ニコルスの時代から現在に至るまで，さまざまなメーカーから PID コントローラは商品化されています（図 6.10）。

6.2.3 ループ整形法による制御システム設計

本項では，図 6.11 に示すように，制御対象 P にコントローラ C が直列に接続されている**直結フィードバックシステム**を考えます。これは**直列補償**と呼ばれる，これまで本書で取り扱ってきたおなじみの枠組みです。前項までの PID 制

コラム 6.2 スイス連邦工科大学（ETH）：制御工学のルーツ校

　前述したように制御理論発祥の地は英国のケンブリッジ大学ですが，19 世紀にヨーロッパで制御に関して精力的に研究していた大学はほかにもたくさんあり，その中でもドイツ語圏のスイス連邦工科大学（ETH）が有名です。

　ETH の卒業生で最も有名な人はアインシュタインでしょう。ETH はラウス・フルビッツの安定判別法で有名なアドルフ・フルビッツが在職していた大学でもあります。そして，PID 制御を最初に提案したストドラはフルビッツの同僚でした。また，カルマンフィルタで有名なルドルフ・カルマンが教授を務めていたことでも有名です。

ETH（左）と ETH へのケーブルカー（右）

図 6.11 直列補償：直結フィードバックシステム

御では，コントローラ C の中身が，比例，微分，積分要素が並列接続されていましたが，ここではコントローラ内でも直列接続されているとします。このような前提のもと，この制御システムの一巡伝達関数 $L(s) = P(s)C(s)$ が 6.1 節で述べた望みの周波数特性を持つように，$L(s)$ を整形する**ループ整形法**について説明します。ループ整形法ではすべての接続が直列なので，ボード線図上での取り扱いが容易になります。

　コントローラ C の構成要素には，比例要素，位相遅れ要素，位相進み要素があり，以下では，位相遅れ要素と位相進み要素について説明します。

[1] 位相遅れ制御

　制御対象と直列接続するコントローラとして，**位相遅れ要素**（phase-lag element）

$$C(s) = \frac{aTs + 1}{Ts + 1}, \quad a < 1 \tag{6.11}$$

を用いた場合を**位相遅れ制御**といいます。$T = 1$，$a = 0.1$ としたときのボード線図を図 6.12 に示します。

　位相遅れ制御器の利用法をまとめておきましょう。

Point 6.6　位相遅れ制御は低域における制御

式 (6.11) の位相遅れ制御では，高域と比べて低域のゲインを $-20 \log a$〔dB〕（$a < 1$ なのでこれは正の値です）増加できるので，制御系の定常特性を向上させることができます。その代償として低域において位相が遅れてしまいますが，低域で位相が遅れても $-180°$ まで余裕があるので，通常，制御システムは不安定になりません。このように，位相遅れ制御は，低域において定常特性の改善を図るものであり，近似的に PI 制御に対応します。

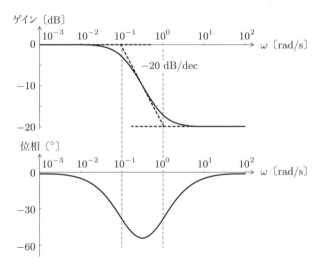

図 6.12　位相遅れ要素

[2] 位相進み制御

制御対象と直列接続するコントローラとして，**位相進み要素**（phase-lead element）

$$C(s) = \frac{aTs+1}{Ts+1}, \quad a > 1 \tag{6.12}$$

を用いた場合を**位相進み制御**といいます。式 (6.11) の位相遅れ要素と同じ形をしていますが，a の大きさが違うことに注意しましょう。$T = 1$，$a = 10$ としたときのボード線図を図 6.13 に示します。

位相進み制御器の利用法をまとめておきましょう。

Point 6.7 位相進み制御は中域における制御

式 (6.12) の位相進み制御では，一巡伝達関数のゲイン交差周波数 ω_c 付近の位相を進めることにより，適当な位相余裕を確保でき，制御システムの速応性を向上させることができます。このように，位相進み制御は中域における制御であり，近似的に PD 制御に対応します。

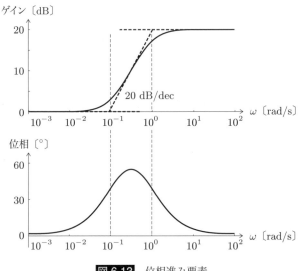

図 6.13 位相進み要素

[3] ループ整形法による制御システムの設計例

図 6.14 に示すフィードバック制御システムを用いて，ループ整形法による制御システムの設計手順を見ていきましょう。

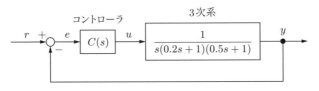

図 6.14 ループ整形法による制御システム設計例

制御対象についての情報を得るために，制御対象のボード線図を描きます。折線近似法を用いてゲイン線図を描くことはできますが，制御システム設計では位相特性も重要なので，MATLAB を用いてボード線図を作図することにします。その結果を図 6.15 に示します（書籍用に加工しています）。

ここまで本書で制御工学を勉強してきた皆さんでしたら，このボード線図からつぎのことが読み取れるでしょう。

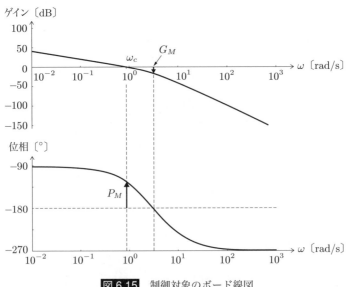

図 6.15 制御対象のボード線図

- 制御対象は積分器を含んでいて，低域でのゲインの傾きが -20 dB/dec なので，1 型制御システムであり，定常位置偏差は 0 である。
- ゲイン余裕は 16.9 dB，位相余裕は 55.6° であり，安定余裕は十分確保されている。
- ゲイン交差周波数は $\omega_c = 0.898$ rad/s である。

これらの結果から言えることは，この制御対象は十分に良い性質を持っているということです。この制御対象をさらに良くするために，つぎの設計仕様が課されたとしましょう。

(1) 位相余裕：$P_M = 40°$
(2) 定常速度偏差：$\varepsilon_v \leq 0.1$
(3) ゲイン交差周波数：$\omega_c = 3.7$ rad/s

この設計仕様を満足するコントローラ $C(s)$ を，ループ整形法を使って，つぎのような手順で設計します。Step 1 では比例制御を適用し，それだけではこの設計仕様を満足できないことを確認します。つぎに，Step 2 では，設計仕様 (2) に対処するために低周波数帯域において位相遅れ制御器を，Step 3 では，設計仕様 (3) に対処するために中周波数帯域において位相進み制御器を，周波数帯域ごとにそれぞれ設計します。最後に Step 4 でそれらを直列接続し，比例要素を加えて直列補償器を構成します。

Step 1. 比例制御の適用：まず，$C(s) = K$ とします。このとき，一巡伝達関数は，

$$L(s) = \frac{K}{s(0.2s+1)(0.5s+1)}$$

となるので，これを特性方程式 $1 + L(s) = 0$ に代入すると，

$$0.1s^3 + 0.7s^2 + s + K = 0$$

が得られます。これにラウスの安定判別法を適用すると，$0 < K < 7$ が，フィードバック制御システムが安定になるための K の範囲です。つぎに，定常速度偏差 $\varepsilon_v \leq 0.1$ の設計仕様から

$$\varepsilon_v = \frac{1}{K} \le 0.1$$

が得られ，これより $K \ge 10$ となります。これらの結果から，設計仕様を満たす比例ゲイン K は存在しないことがわかります。

Step 2. 位相遅れ制御の適用：このステップでは，設計仕様 (2) の，低域における定常特性の仕様を満たすことを目指します。Step 1 の結果から，定常ゲインを $K = 10$ とおき，

$$G(s) = \frac{10}{s(0.2s + 1)(0.5s + 1)} \tag{6.13}$$

を新たな制御対象と見なして，位相遅れ制御器

$$C_1(s) = \frac{aTs + 1}{Ts + 1}, \quad a < 1 \tag{6.14}$$

を適用します。一巡伝達関数のボード線図を見ながら，この a, T を調整していくことになりますが，ここでは途中経過を省略して，試行錯誤の末 $a = 0.145$，$T = 57.5$ が得られたとします。このときの位相遅れ要素の伝達関数は，

$$C_1(s) = \frac{8.33s + 1}{57.5s + 1} \tag{6.15}$$

となり，式 (6.13), (6.15) より，一巡伝達関数は，

$$L_1(s) = \frac{10(8.33s + 1)}{s(0.2s + 1)(0.5s + 1)(57.5s + 1)} \tag{6.16}$$

となります。この一巡伝達関数のボード線図を図 6.16 に示します。この図から，つぎのことがわかります。

- 位相遅れ制御器を直列接続したことにより，低域でのゲインが増加したので，定常特性が改善されました。その結果，$\varepsilon_v = 0.1$ となり，設計仕様は満足しました。その代償として，低域で位相が遅れていますが，この帯域では位相遅れは $-180°$ から離れているので，閉ループシステムが不安定になる心配はありません。
- ゲイン余裕は 13.0 dB，位相余裕は 40.4° であり，安定余裕は確保されています。
- ゲイン交差周波数は $\omega_c = 1.21$ rad/s なので，まだ設計仕様は満足されません。

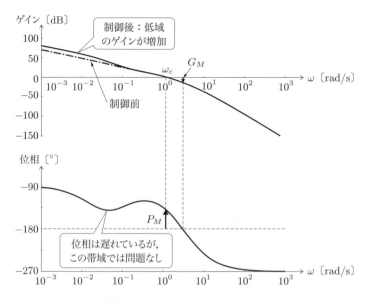

図 6.16 位相遅れ制御後のボード線図

Step 3. 位相進み制御の適用：このステップでは，設計仕様 (3) の速応性の仕様を満たすように，中域において位相進み制御器

$$C_2(s) = \frac{aTs + 1}{Ts + 1}, \quad a > 1 \tag{6.17}$$

を設計します。途中経過は省略しますが，その結果，$a = 7.549$，$T = 0.09837$ が得られ，さらに，ゲインを試行錯誤しながら調整することにより，位相進み制御器

$$C_2(s) = \frac{3.55(0.7426s + 1)}{0.09837s + 1} \tag{6.18}$$

が得られたとします。このときの一巡伝達関数のボード線図を図 6.17 に示します。中域において位相を進ませることにより，ゲイン特性を上に平行移動することが可能になり，その結果，ゲイン交差周波数を $\omega_c = 3.72$ rad/s に増加させることができました。

Step 4. コントローラ全体：以上で得られた位相遅れ制御器 $C_1(s)$ と位相進み制御器 $C_2(s)$ を直列接続して，$\omega_c = 3.7$ rad/s になるようにゲイン K を調整すると，$K = 25$ が得られ，最終的につぎのコントローラが得られました。

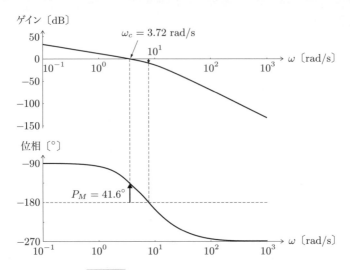

図 6.17 位相進み制御後のボード線図

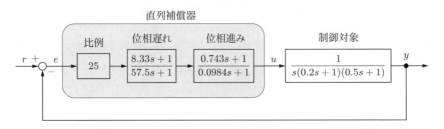

図 6.18 最終的に得られたフィードバック制御システム

$$C(s) = 25 \cdot \frac{8.33s + 1}{57.5s + 1} \cdot \frac{0.743s + 1}{0.0984s + 1} \tag{6.19}$$

このコントローラを組み込んだフィードバック制御システムを図 6.18 に示します。比例制御器，位相遅れ制御器，位相進み制御器が直列接続されています。このとき，一巡伝達関数は，

$$L(s) = 25 \cdot \frac{8.33s + 1}{57.5s + 1} \cdot \frac{0.743s + 1}{0.0984s + 1} \cdot \frac{1}{s(0.2s + 1)(0.5s + 1)} \tag{6.20}$$

となります。そのボード線図を，制御前の伝達関数とともに図 6.19 に示します。

まず，制御後のゲイン特性は，制御前と比べると，全体的に上へ移動しています。そのため，低域でのゲインが増加し，定常特性が向上しています。それと同

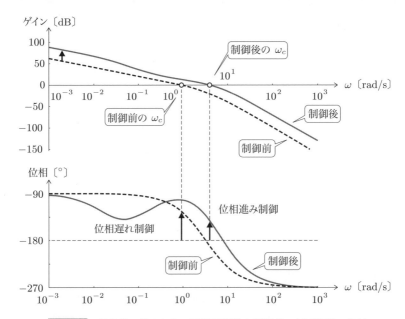

図 6.19 最終的に得られた一巡伝達関数と制御前の伝達関数の比較

時にゲイン交差周波数 ω_c が増加しているので，速応性が改善されています。ここで，単にゲイン特性を上へ平行移動するだけであれば，比例制御で対応できますが，比例制御では位相特性を変化させられないので，不安定になってしまうことに注意してください。

　つぎに，位相特性の図を見てみましょう。制御後の位相特性は，低域では位相遅れ制御により位相が遅れ，中域では位相進み制御により位相が進むため，フィードバック制御系は不安定化していません。この図のように，ゲイン線図と位相線図の形状が，位相遅れ・位相進み制御によって，上へ下へとぐちゃぐちゃに，いや，美しく整形されて，望ましい形に変化しているのです。そのため，この制御系設計法は「ループ整形法」と呼ばれています。

　制御対象の特徴量と，フィードバック制御後の特徴量の比較を表 6.5 に示します。ループ整形法を適用した結果，安定余裕をさほど減少させることなく，速応性が 4.2 倍，定常特性が 25 倍向上したことがわかります。

　ここでは，位相遅れ制御の効果，位相進み制御の効果を図を見て理解してい

表 6.5　ループ整形法によるフィードバック制御システム設計の効果

	制御前	制御後	制御の効果
安定性（ゲイン余裕 G_M）	16.9 dB	10.7 dB	やや減少
減衰性（位相余裕 P_M）	55.6°	39.4°	設計仕様どおり
速応性（ω_c）	0.898 rad/s	3.78 rad/s	4.2 倍
定常特性（K）	1	25	25 倍

ただきたかったので，ループ整形法の具体的な設計の様子を記述しませんでした[1]。ここではさらっと書きましたが，この手順は試行錯誤を伴うものなので，慣れていないとなかなかうまくいきません。

Point 6.8　ループ整形法はモデルベースト制御

ループ整形法では制御対象の周波数伝達関数が必要になります。これは「ノンパラメトリックモデル」と呼ばれるモデルなので，ループ整形法はモデルベースト制御の仲間に入ります。しかし，伝達関数のように少数個のパラメータで記述されるパラメトリックモデルではないので，何らかの代数計算などによって制御パラメータを決定することはできず，Step 1〜4 の設計例で説明したように，試行錯誤を伴う作業になります。

6.2.4　さまざまな制御対象

　PID 制御が主に相手にしてきた対象は，圧力，流量，温度などを制御量とする，化学産業，鉄鋼業，製紙などのプロセス制御システムでした。それらのシステムは，ゲイン特性が周波数の増加とともに減少する特性を持つ遅れ系です。そのような制御対象に対して制御パラメータを調整する方法として，ジーグラ・ニコルスの限界感度法，ステップ応答法，そしてループ整形法などが提案されてきました。

　こうした制御対象に対して，1970 年代から，ロボットに代表される**メカトロ**

---

1) 具体的な手順については，拙著『制御工学の基礎』（東京電機大学出版局, 2016）をご覧ください。

コラム 6.3 古典制御の完成

　第二次世界大戦の終了直前から，プロセス制御を中心として，さまざまな制御工学のテキストやサーベイ論文が発表されました。その中でも特に有名なものが，マサチューセッツ工科大学（MIT）の放射線研究所（radiation laboratory）シリーズ（全27巻）の第25巻目として発行された『*Theory of Servomechanisms*（サーボ機構の理論）』でしょう。この本以外にも，ベル研究所，ウェスティングハウス社，英国の出版社などから，制御工学の標準的なテキストが発行されました。それらのテキストで扱われていた内容は，現在多くの大学などで「制御工学」として講義されているものです。このように，本書で解説した古典制御は，第二次世界大戦後の1940年代の終わりに完成しました。

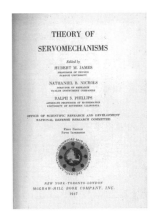 

右の写真提供：小野雅裕博士（NASA JPL）

Theory of Servomechanisms（左）と MIT（右）

ニクス（mechatronics）の分野が発展してきました。また，自動車産業でも，制御はさまざまな場面で必要になってきました。制御の応用分野が，プロセス制御システムだけでなく，機械システムや電気システムにも拡大されてきたのです。1980年代以降，制御工学は，さまざまな分野で応用され，それは現在も続いています。特に，機械と電気が融合したメカトロニクスの分野で制御は大活躍しています。

　メカトロニクスの一例として，大型人工衛星の姿勢制御問題を紹介しましょう。図6.20に，1994年に打ち上げられた技術試験衛星「きく6号」を示します。

提供：JAXA

図 6.20　技術試験衛星「きく 6 号」（1994 年打ち上げ）

　ここでは，中心にある剛体の回転運動に着目します。ある軸のまわりの剛体の回転運動は，ニュートンの運動方程式

$$I\frac{\mathrm{d}^2\theta(t)}{\mathrm{d}t^2} = T(t) \tag{6.21}$$

に従います。ここで，$\theta(t)$ は回転角度，I は剛体の慣性モーメント，$T(t)$ は加えるトルク（回転力）です。これは，第 2 章で扱った並進運動の方程式の回転運動版です。

　式 (6.21) を，初期値を 0 としてラプラス変換すると，入力であるトルクから，出力である回転角度までの伝達関数

$$G(s) = \frac{1}{Is^2} \tag{6.22}$$

が得られます。制御の言葉を使えば，このシステムは 2 重積分器です。大型人工衛星が剛体であると仮定できればこれでよいのですが，図 6.20 に示した大型人工衛星では，中心剛体に「太陽電池パドル」と呼ばれる柔軟な物体が取り付けられています。これは減衰比が小さい柔軟構造物なので，この影響を考慮する必要があります。すると，式 (6.22) の伝達関数は，つぎのように変形されます。

$$G(s) = \frac{1}{Is^2} + \frac{K_1\omega_{n1}^2}{s^2 + 2\zeta_1\omega_{n1}s + \omega_{n1}^2} + \frac{K_2\omega_{n2}^2}{s^2 + 2\zeta_2\omega_{n2}s + \omega_{n2}^2} \tag{6.23}$$

ここで，右辺第 1 項は剛体，第 2 項は 1 次振動モード，第 3 項は 2 次振動モードを表します。ここでは 2 次振動モードまで与えましたが，場合によってより高

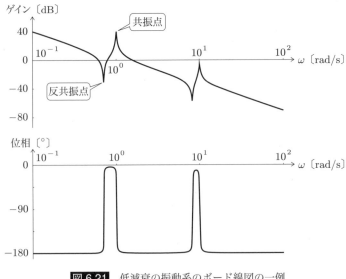

図 6.21 低減衰の振動系のボード線図の一例

次の振動モードを含むこともあります。さらに，大型人工衛星の太陽電池パドル
の減衰比は非常に小さく，$\zeta = 0.005$ くらいの値をとります。

式 (6.23) に適当な数値を入れて描いたボード線図を図 6.21 に示します。剛体
は 2 重積分器なので，ゲイン線図は全体的に -40 dB/dec の傾きで減少してい
き，$\omega_{n1} = 1$ rad/s の 1 次振動モードと，$\omega_{n2} = 10$ rad/s の 2 次振動モードの
ところで，ゲイン特性は下がって，上がります。下がりきったところを「反共振
点」，上がりきったところを「共振点」といいます。また，位相線図を見ると，位
相は 2 重積分器の影響で $-180°$ から始まり，共振点のところで一時的に増大し
ています。実際の人工衛星ではむだ時間などが存在するため，周波数の増加とと
もに位相は $-180°$ より遅れます。

図 6.21 を見ると，これまで扱ってきたプロセス制御で見られるゲイン特性と
は，形状がまったく違うことがわかります。特に，ゲイン線図が 0 dB の線を何
度も交差するので，そのたびに位相余裕を確認する必要があります。たとえば，
この対象に比例制御を施し，全周波数帯域にわたってゲイン線図を上に移動させ
ると，今度は 2 次振動モードが 0 dB の線を何度も交差してしまい，閉ループ
システムが不安定化するおそれが出てきます。このような不安定現象を「スピル

オーバー不安定」といいます。この大型人工衛星が開発された 1980 年代後半には，このような制御対象に対しても，ボード線図などを用いて古典制御系を構成できる優秀な制御エンジニアがたくさんいましたが，その数も時代とともに減ってきています。

　一般に，こうした減衰比が小さい振動系，言い方を換えると虚軸の近くに存在する極を持つような制御対象には，古典制御は向いておらず，「状態フィードバック」と呼ばれるフィードバック制御を用いて，これらの極をより良い場所に配置できる現代制御のほうがより適しています。現代制御については，別の機会にお話ししましょう。

6.3　フィードバック補償：古典制御から現代制御へ

　これまでは図 6.22 (a) に示す直列補償について説明してきました。本節では，図 6.22 (b) に示すフィードバック補償について考えていきましょう。

6.3.1　フィードバック補償

　2.2 節で扱った並進運動を表すニュートンの運動方程式

$$m\frac{\mathrm{d}^2 y(t)}{\mathrm{d}t^2} = u(t) \tag{6.24}$$

について再び考えましょう。先ほどの大型人工衛星では回転運動でしたが，今度は並進運動です。ここで，$y(t)$ は出力である位置，$u(t)$ は入力である力，そして，m は質量です。この入出力関係は，伝達関数

$$P(s) = \frac{1}{ms^2} \tag{6.25}$$

で関係づけられます。このように，ニュートンの運動方程式は 2 重積分器であ

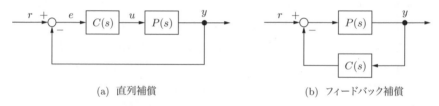

(a)　直列補償　　　　　　　　　(b)　フィードバック補償

図 6.22　直列補償とフィードバック補償

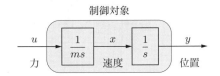

図 6.23　制御対象の分解

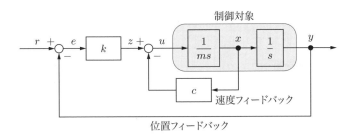

図 6.24　フィードバック補償

り，原点に重根 $s = 0$ を持つため，不安定です。そこで，フィードバック制御を使って，この不安定システムを安定化することを考えます。

　式 (6.25) の制御対象を図 6.23 に示すように分解します。積分器を二つに分けたことにより，制御対象の入出力の中間変数 x として速度が登場しました。この中間変数は，現代制御の状態空間モデルでは**状態変数**と呼ばれます。

　このような準備のもとで，図 6.24 に示す**フィードバック補償**を施しましょう。このブロック線図では，内側に速度 x をフィードバックするループ，外側に位置 y をフィードバックするループが接続されました。これらはそれぞれ，**速度フィードバック**，**位置フィードバック**と呼ばれます。速度フィードバックを**マイナーループ**，位置フィードバックを**メジャーループ**と呼ぶこともあります。図中の c と k はともに正の定数です。

　速度フィードバックループのブロック線図を計算して，一つのブロックに書き直したものを，図 6.25 に示します。$1/(ms)$ だったブロックに速度フィードバックを施すことにより，$1/(ms + c)$ というブロックに変換されました。このように，フィードバックによって，極を $s = 0$ から安定な $s = -c/m$ に移動できました。

　図 6.25 のブロック線図より，r から y までの閉ループ伝達関数は

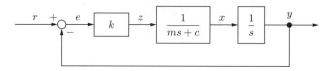

図 6.25 フィードバック補償における速度フィードバックの効果

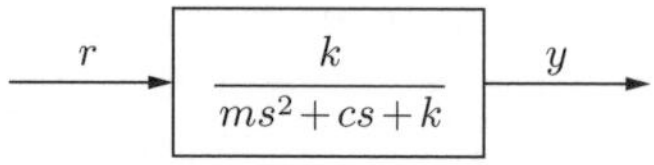

$$r \rightarrow \boxed{\dfrac{k}{ms^2 + cs + k}} \rightarrow y$$

図 6.26 閉ループシステムはバネ・マス・ダンパシステム

s^2	m	k
s^1	c	
s^0	k	

図 6.27 バネ・マス・ダンパシステムのラウス表

$$W(s) = \frac{k}{ms^2 + cs + k} \qquad (6.26)$$

となります。得られた式 (6.26) の分母多項式は，4.2.2 項で紹介したバネ・マス・ダンパシステムと同じになっていることに気づくでしょう（図 6.26）。

このような 2 次遅れ要素の場合，分母多項式の係数 m, c, k が正であれば，必ず安定になります。ちょっと心配なので，ラウス表を作ってみましょう。その結果を図 6.27 に示しました。図より，ラウス数列が $\{m, c, k\}$ になるので，すべてが正の同符号だったら安定です[2]。フィードバックゲインである c と k を正に選んでおきさえすれば，不安定な制御対象を安定化できるのです。速度フィードバック c によって，減衰を与えるダンパ要素を付加し，つぎに位置フィードバック k によって弾性を与えるバネ要素を付加することができたので，不安定だった制御対象を安定にすることができました。さらに，$W(0) = 1$ なので，閉ループシステムの定常ゲインも 1 になっています。

以上の例では並進運動を表すニュートンの運動方程式を扱いましたが，先ほどの大型人工衛星やモータのような回転運動では，回転速度を計測するタコメー

---

[2] 2 次遅れ要素は分母多項式の係数がすべて同符号だったら，必ず安定です。

ターを使ったタコメーターフィードバックがあり，これも速度フィードバックの一例です。

ただし，この例では，あくまでも安定化だけを示しており，より精緻な制御性能を求めるには，閉ループ極の配置などを考慮したフィードバック制御定数の設計を行う必要があります。

コラム 6.4　制御理論の発展

古典制御，特に PID 制御は実用的な制御法なので，プロセス制御をはじめとして，さまざまな制御の現場に浸透していきました。しかし，設計の過程で多数の試行錯誤を伴い，また制御対象に依存する部分も多いので，初心者にはハードルが高く，熟練した制御エンジニアの知識と経験で，そのチューニング法は伝承されてきました。

工学の基本は，誰がやっても同じ結果が出るという「再現性」です。その意味で，系統的なコントローラ設計法が望まれていました。そのときのキーワードが，制御対象の「モデル」です。制御対象の数学モデルを構築し，そのモデルを用いて数理的な方法でコントローラを設計する**モデルベースト制御**の誕生です。その出発点が，1960 年にカルマン教授が提案した状態空間法，いわゆる「現代制御」です。その後，制御理論の分野では，制御対象のモデルに基づいたロバスト制御，モデル予測制御など，つぎつぎと新しい方法論が開発されました。

カルマン教授とケンブリッジ大学で（2006 年 9 月）

コラム 6.5　制御と AI

　人工知能（AI）の分野で精力的に研究開発されている「強化学習」の当初のセールスポイントは，モデルを経由せずに，制御対象の入出力データから直接コントローラをチューニングできることでした。しかし，良いコントローラを学習するためには，何度も訓練，あるいは学習（言い換えると失敗）を繰り返す必要がありました。制御対象が計算機の中の仮想のシステム，あるいは研究室の実験装置であれば，そのようなことも許されるでしょうが，実機で何度も失敗を繰り返すことは通常できません。このレベルの強化学習は，1940 年代の制御工学の PID 制御とほぼ同じレベルではないかと著者は考えています。もちろん三つのパラメータをチューニングしていた PID 制御とは違い，強化学習では膨大な数のパラメータをチューニングしていて，そのスケール感はまったく違うので，単純な比較はできないでしょう。

　その後 1960 年を境にして，実機チューニングの PID 制御から，制御対象のモデルを用いたモデルベースト制御へ，制御工学は進化していきました。強化学習も，2010 年代後半からは「モデルベースト強化学習」へ進化しているようです。このようなところに着目すると，制御と AI とはそれほど遠い存在だとは著者は思いません。

機械学習と調和する制御理論調査研究会（DML 研究会）（計測自動制御学会 制御部門, 2017〜）：この研究会では AI と制御の融合について研究しています。

参考文献

著者の本が中心となりますが，本書に関係する参考文献を紹介しましょう。

[1] 大須賀公一・足立修一：『システム制御へのアプローチ』，コロナ社，1999.
　　この本も制御工学をはじめて学ぶ学部生を対象とした本です。

[2] 足立修一：『信号・システム理論の基礎』，コロナ社，2014.

　制御工学をきちんと理解するためには，いくつかの数学の知識が必要です。この本では，フーリエ解析，ラプラス変換，z 変換について系統的にまとめています。

[3] 足立修一：『制御工学の基礎』，東京電機大学出版局，2016.

　本書の内容をより専門的にした制御工学の教科書です。本書を読み終えた後にお読みいただけると，制御工学についての理解が深まるでしょう。

[4] G. F. Franklin, J. D. Powell and A. Emami-Naeini: Feedback Control of Dynamic Systems (6th edition), Addison-Wesley Publishing Co., 2011.

　制御工学に関する洋書は多数出版されており，その中から 1 冊を選ぶことはむずかしいですが，この本は著者が大学教員になって制御工学を教えるときに，参考にした本です。

　これらの本以外にも制御工学の良書は多数出版されています。できれば書店で本をパラパラ見て，ご自分の目で良い本をお選び下さい。読者の皆さんは，本書を読むことによって，「制御を見る眼」が培われてきたはずです。

おわりに

　本書では，19世紀初頭に産業革命とともに産声を上げた制御工学について平易に解説することを試みました。特に，1940年代後半に完成した「古典制御」に焦点を絞ってお話ししました。古典制御というと古くさい感じがするかもしれませんが，古典制御は制御工学の礎（いしずえ）となる重要な理論なので，本書によってそのエッセンスを理解していただければ幸いです。特に，ダイナミクス，ブロック線図，フィードバック制御，伝達関数，周波数伝達関数，ボード線図，安定性，過渡特性，定常特性，PID制御など，制御の重要な概念が少しでも頭の片隅に残ったのなら，それは著者の喜びです。

　古典制御の発展に数学の貢献は欠かせませんでした。19世紀に誕生したラプラス変換やフーリエ変換を利用することによって，20世紀前半に制御の世界ではラプラス領域の伝達関数や周波数領域の周波数伝達関数が生まれました。制御対象である現実のシステムは，時間の世界で動いていますが，本書で強調してきたように，その振る舞いを時間領域だけでなく，仮想的な世界であるラプラス領域や周波数領域でモデリングしたり，解析したり，設計したりすることが，制御工学の特徴です。特に，「周波数」という強力な武器が制御工学の発展を支えてきました。本書を勉強したことによって，読者の皆さんは周波数を使いこなす「魔法のつえ」を手に入れることはできたでしょうか？

　古典制御では，伝達関数や周波数伝達関数を用いて制御対象をモデリングしたり，解析したりするさまざまなツールが開発され，それらはいまでも大活躍しています。しかし，最終的にコントローラを設計する際には，せっかく構築した制御対象のモデルを十分に活用せずに，たとえばジーグラ・ニコルス法によって，制御対象である実機を用いて，PIDコントローラの制御パラメータが直接チューニングされてきました。このように，古典制御は制御対象のモデルを十分活用す

るモデルベースト制御ではなかったのです。

　1960 年を境に，制御工学は新しい時代を迎えます。すなわち，計算機とモデルを活用したモデルベースト制御の登場です。その代表である，カルマンが提案した「現代制御」では，制御対象の数学モデルを用いて，数理的な方法でコントローラの制御パラメータを計算することができます。さらに，その後，ロバスト制御やモデル予測制御など，さらにアドバンストなモデルベースト制御理論が提案され，それらは産業界で実用化されています。

　読者のニーズがあれば，現代制御以降のモデルベースト制御についてお話したいと思っています。そして，そのような機会を楽しみにしています。

【著者紹介】

足立修一（あだち・しゅういち）

学歴　慶應義塾大学大学院工学研究科博士課程修了，工学博士(1986 年)
職歴　(株)東芝総合研究所(1986〜1990 年)
　　　宇都宮大学工学部電気電子工学科 助教授(1990 年)，教授(2002 年)
　　　航空宇宙技術研究所 客員研究官(1993〜1996 年)
　　　ケンブリッジ大学工学部 客員研究員(2003〜2004 年)
　　　慶應義塾大学理工学部物理情報工学科 教授(2006〜2023 年)
現在　慶應義塾大学 名誉教授

制御工学のこころ　古典制御編

2021 年 4 月 10 日　第 1 版 1 刷発行　　　　ISBN 978-4-501-11860-0 C3054
2024 年 1 月 20 日　第 1 版 2 刷発行

著　者　足立修一
　　　　© Adachi Shuichi 2021

発行所　学校法人 東京電機大学　〒120-8551　東京都足立区千住旭町 5 番
　　　　東京電機大学出版局　　Tel. 03-5284-5386(営業) 03-5284-5385(編集)
　　　　　　　　　　　　　　　Fax. 03-5284-5387 振替口座 00160-5-71715
　　　　　　　　　　　　　　　https://www.tdupress.jp/

JCOPY ＜(一社)出版者著作権管理機構 委託出版物＞
本書の全部または一部を無断で複写複製(コピーおよび電子化を含む)すること
は，著作権法上での例外を除いて禁じられています。本書からの複製を希望され
る場合は，そのつど事前に(一社)出版者著作権管理機構の許諾を得てください。
また，本書を代行業者等の第三者に依頼してスキャンやデジタル化をすることは
たとえ個人や家庭内での利用であっても，いっさい認められておりません。
[連絡先]Tel. 03-5244-5088, Fax. 03-5244-5089, E-mail：info@jcopy.or.jp

印刷・製本：三美印刷(株)　　装丁：齋藤由美子
落丁・乱丁本はお取り替えいたします。　　　　　　　　Printed in Japan